岩石与矿物
闪闪发光的宝藏

水的旅行
奇妙的地球环游记

神奇的鸟类
骄阳的空中猎人

有趣的力学
看不见的魔法师

飞越太阳系
人类的太空家园

地球的故事
46亿年的奇迹

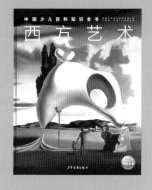

西方艺术

印度文明
多彩的神秘

南极和北极
前往世界尽头

鲸豚王国
从四足小兽到海洋巨兽

奇趣物理
小到微粒、大至宇宙

化学世界

太空之旅
从遥望星空到穿越虫洞

探索月球
进驻太空的第一站

中国少儿百科知识全书 精装典藏本
ENCYCLOPEDIA FOR CHILDREN
精彩内容持续更新　敬请期待

U0344737

ENCYCLOPEDIA FOR CHILDREN

中国少儿百科知识全书

探索月球

进驻太空的第一站

张 帅/著

少年儿童出版社

当夜幕降临，一轮明月悄然显现，它时而像圆圆的烧饼，时而如弯弯的小船，照亮夜空，引发人们无限的遐想。天上的月亮究竟从哪里来？为什么它发出的光没有太阳光热，为什么它的形状总在变化？ 带着无数的疑问，人类开启了漫长的探月之旅。

从望远镜、火箭、探测器到登月舱……经过一次次的摸索、尝试，人类终于揭开月球的神秘面纱，了解月球的真实模样。今天，探月的旅程还在继续，科学家将在月球上建造月球科研站，尝试在月面驻留生活！

中国少儿百科知识全书
ENCYCLOPEDIA FOR CHILDREN

总　序

科技是第一生产力，人才是第一资源，创新是第一动力，这三个"第一"至关重要，但第一中的第一是人才。千秋基业，人才为先，没有人才，科技和创新皆无从谈起。不过，人才的培养并非一日之功，需要大环境，下大功夫。国民素质是人才培养的土壤，是国家的软实力，提高全民科学素质既是当务之急，也是长远大计。

国家全力实施《全民科学素质行动规划纲要（2021—2035年）》，乃是提高全民科学素质的重要举措。目的是激励青少年树立投身建设世界科技强国的远大志向，为加快建设科技强国夯实人才基础。

科学既庄严神圣、高深莫测，又丰富多彩、其乐无穷。科学是认识世界、改造世界的钥匙，是创新的源动力，是社会文明程度的集中体现；学科学、懂科学、用科学、爱科学，是人生的高尚追求；科学精神、科学家精神，是人类世界的精神支柱，是科学进步的不竭动力。

孩子是祖国的希望，是民族的未来。人人都经历过孩童时期，每位有成就的人几乎都在童年时初露锋芒，童年是人生的起点，起点影响着终点。

培养人才要从孩子抓起。孩子们既要有健康的体魄，又要有聪明的头脑；既需要物质滋润，也需要精神营养。书籍是智慧的宝库、知识的海洋，是人类最宝贵的精神财富。给孩子最好的礼物，不是糖果，不是玩具，应是他们喜欢的书籍、画卷和模型。读万卷书，行万里路，能扩大孩子的眼界，激发他们的好奇心和想象力。兴趣是智慧的催生剂，实践是增长才干的必由之路。人非生而知之，而是学而知之，在学中玩，在玩中学，把自由、快乐、感知、思考、模仿、创造融为一体。养成良好的读书习惯、学习习惯，有理想，有抱负，对一个人的成长至关重要。

为孩子着想是成人的责任，是社会的责任。海豚传媒与少年儿童出版社是国内实力强、水平高的儿童图书创作

与出版单位，有着出色的成就和丰富的积累，是中国童书行业的领军企业。他们始终心怀少年儿童，以关心少年儿童健康成长、培养祖国未来的栋梁为己任。如今，他们又强强联合，邀请十余位权威专家组成编委会，百余位国内顶级科学家组成作者团队，数十位高校教授担任科学顾问，携手拟定篇目、遴选素材，打造出一套"中国少儿百科知识全书"。这套书从儿童视角出发，立足中国，放眼世界，紧跟时代，力求成为一套深受 7 ~ 14 岁中国乃至全球少年儿童喜爱的原创少儿百科知识大系，为少年儿童提供高质量、全方位的知识启蒙读物，搭建科学的金字塔，帮助孩子形成科学的世界观，实现科学精神的传承与赓续，为中华民族的伟大复兴培养新时代的栋梁之材。

"中国少儿百科知识全书"涵盖了空间科学、生命科学、人文科学、材料科学、工程技术、信息科学六大领域，按主题分为 120 册，可谓知识大全！从浩瀚宇宙到微观粒子，从开天辟地到现代社会，人从何处来，又往哪里去，聪明的猴子、美丽的花草、辽阔的山川原野，生态、环境、资源，水、土、气、能、物，声、光、热、力、电……这套书包罗万象，面面俱到，淋漓尽致地展现着多彩的科学世界、灿烂的科技文明、科学家的不凡魅力。它论之有物，看之有趣，听之有理，思之有获，是迄今为止出版的一套系统、全面的原创儿童科普图书。读这套书，你会览尽科学之真、人文之善、艺术之美；读这套书，你会体悟万物皆有道，自然最和谐！

我相信，这次"中国少儿百科知识全书"的创作与出版，必将重新定义少儿百科，定会对原创少儿图书的传播产生深远影响。祝愿"中国少儿百科知识全书"名满华夏大地，滋养一代又一代的中国少年儿童！

中国科学院院士
火山地质与第四纪地质学家

目　录

流传的故事

当夜幕降临，一轮明月悄然显现，照亮夜空，给处在黑夜中的人们带去了许多安慰。

月球的能量

81 个月球合在一起才有 1 个地球重。月球的个头虽小，但能量却很大，时时刻刻影响着我们的生活。

地球的伙伴

月球是离地球最近的天体，陪伴了地球 40 多亿年，不过它跟地球长得并不像，有些方面甚至完全不同。

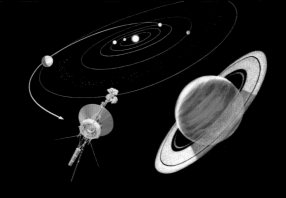

探测月球

从古至今，人们对月球的好奇心和探索欲从未消减。随着技术的进步，人类的登月梦终于得以实现。

奔月路漫漫

上九天揽月并不容易，不过探月工程师有信心。如今，嫦娥奔月不再是神话，玉兔月球车在月上巡游，书写着新的故事。

附　录

揭秘更多精彩！

奇趣AI动画

走进"中百小课堂"
开启线上学习

让知识动起来！

扫一扫，获取精彩内容

月亮神在人间

当太阳沉入地平线，一轮明月悄然显现。它时而像一个金黄的、圆圆的烧饼，时而像一条银白色的、弯弯的小船，变换着不同模样，点缀夜空。柔和的月光照亮了黑夜，也引发人们无限的遐想，围绕月亮诞生了许许多多的故事。

《嫦娥月宫图》，刘松年

月宫仙子：嫦娥

在中国，大大小小的孩童几乎都知道月宫仙子嫦娥，听过嫦娥奔月的故事。

相传美丽的嫦娥是后羿的妻子。后羿从昆仑山西王母那里得到了一颗仙药，凡人吃了能长生不老，飞升成仙。后羿舍不得与嫦娥分离，没有服下仙药，而让嫦娥将仙药藏了起来。这件事被跟随后羿学艺的逢蒙知道了，逢蒙很想得到仙药，成为神仙。

一天，后羿带众人外出狩猎，逢蒙假装生病没有一同前往。等后羿走远，逢蒙闯入后羿家中，逼迫嫦娥交出仙药。嫦娥眼见仙药即将被逢蒙找到，便抢先将仙药一口吞下。仙药入肚后，嫦娥的身体开始变得轻飘飘的，她飞出了房间，飞过洒满月光的村庄和田野，越飞越高，最后落在了月亮上，成了月宫仙子。

霓裳羽衣曲

唐代有一个名为《霓裳羽衣曲》的著名乐舞。相传，唐玄宗李隆基梦游月宫，见到身穿霓裳羽衣的仙子随着美妙的乐声翩然起舞。唐玄宗为这景象而迷醉，他醒来后按照记忆，写下了梦中听到的乐曲片段，然后续作完全曲，并邀人设计编排舞蹈，由此诞生了名震大唐的《霓裳羽衣曲》。《霓裳羽衣曲》中，舞者头戴步摇冠，身着月白羽衣，手执彩巾，在悠扬的乐声中翩跹舞动。轻盈优美的舞姿和着动人的曲音，让人恍至天上月宫。诗人白居易也为此称赞"千歌万舞不可数，就中最爱霓裳舞"。

玉兔捣药

月亮有阴晴圆缺的变化，在此过程中，圆圆的月亮一点点"消失"而又重新出现。古人以为这是因为月亮有着死而复生、永不消逝的神秘力量，他们看着月亮上的暗影，想象出玉兔的形象，认为它在月上捣药，制作不老仙药。月上玉兔的故事就这样流传开来。古代诗人也常用"玉兔"指代月亮。

月亮公主：辉夜姬

日本古老传说《竹取物语》中也讲述了一个关于月亮的奇妙故事。美丽的月亮姑娘因犯了过错被贬，降生到人间受罚。一位伐竹子的老翁在竹林中发现了她，并将她带回家抚养。女孩像竹笋一样快速长大，不出3个月就长成了妙龄少女，她的美貌举世无双，即使在夜晚依然夺目，因而得名"辉夜姬"。

很多贵族前去求亲，想娶辉夜姬为妻，但辉夜姬并不想离开抚养她长大的老翁夫妇，她用巧妙的方法一一拒绝了求婚的贵族。不知不觉间，辉夜姬的受罚期限结束，一天夜晚，月宫使者来到人间，将辉夜姬带回了月宫。

在日本，辉夜姬被视为善良机智、重情重义的代表。

嫦娥在月上居住的宫殿原本不叫广寒宫，而名月宫。相传，唐玄宗梦游月宫，在月上见到了一座美丽的宫殿，那宫殿横匾上写有"广寒清虚之府"6个大字，自此月宫便有了"广寒宫"之称。

元代的嵌螺钿广寒宫图漆器残片

🔆 知识加油站

中国上古时期，人们为表达对月神的崇拜，会在仲秋时节举行祭月活动，这就是中秋节的起源。这种仪式后来逐渐演变成了赏月活动。唐代时，中秋成为全国性的节日之一，中秋也同嫦娥奔月、玉兔捣药等神话故事联系在一起，拥有了浪漫的色彩。

希腊神话中，月亮女神阿耳忒弥斯与太阳神阿波罗是孪生兄妹。

月亮女神：阿耳忒弥斯

希腊神话中，有一位女神，名叫阿耳忒弥斯，她是众神领袖宙斯的女儿，擅长射箭，是狩猎女神、自然女神，古希腊人后来也将她视为月神。

因受父亲宙斯宠爱，阿耳忒弥斯从小便获得了许多城池，拥有各类神职头衔。青春美丽的阿耳忒弥斯也是古希腊中最受欢迎的女神，不过，她的性格有些冷酷。传说，一位年轻的猎人带着猎犬在山林中打猎，无意间撞见了在林间泉水中沐浴的阿耳忒弥斯。阿耳忒弥斯感到被冒犯，十分生气，她将猎人变为了一头鹿，并任由它被猎犬撕咬而死。但阿耳忒弥斯也有温柔的一面。她的伙伴俄里翁被一只蝎子杀死后，阿耳忒弥斯十分伤心，她请求宙斯将俄里翁升为天上的星座。今天，我们说的猎户座的拉丁名便是Orion（俄里翁）。

古希腊人为阿耳忒弥斯建造的神庙复原图

月亮与诗人

如果浪漫有具体的形象，那么，对于中国古代诗人来说，月亮一定是其中之一。古往今来，江水奔流不息，一代又一代的诗人望着天上的明月，在月下吟咏抒怀。他们的情思，有一半都藏在了月中。

李白是唐代著名诗人，生活在盛唐时期。他热爱山水，游览大江南北，留下了许多描绘山川风景的诗篇。李白笔下的自然景致清新而俊逸，诗歌传达的情感如同飞流而下的瀑布，奔放且豪迈。即使求官受挫，无奈离开京城，李白留下的也是"长风破浪会有时，直挂云帆济沧海"的开朗自信。

200 多首

诗仙李白一生爱月，在他留下的近1000首诗歌中，与月相关的就有200多首。

以月为伴

唐宋时，中秋赏月盛行，文人墨客赏月咏月，吟诗作赋，留下了许多千古佳句。其中月亮的"头号粉丝"要数诗仙李白了。李白笔下的月形态万千，有"波光摇海月，星影入城楼"的迷人月；有"小时不识月，呼作白玉盘"的皎洁月；还有"举头望明月，低头思故乡"的思乡月。

对于李白来说，月亮不仅是一种自然景观，更是陪伴他的一位朋友。"举杯邀明月，对影成三人""我歌月徘徊，我舞影零乱"，一壶浊酒对上一轮明月，独酌的李白邀请月亮结游，并约定在遥远的天上仙境再见。

李煜是五代时南唐的最后一位国主，留有许多词作。他早期的词主要描绘宫廷生活。南唐覆灭后，李煜转而用词作表达对人生的感受，他文雅秀丽的词句中流露出了无尽的感伤与悲愁。

借月抒怀

南唐后主李煜也是一位著名词人，他不仅善于作词，还精通音律和书画，然而，他的才艺没能改变南唐的命运。公元 975 年，李煜即位 15 年时，南唐的国都被北宋军队攻陷，身为国主的李煜被软禁了起来。自此，李煜也失去了他笔下"归时休放烛光红，待踏马蹄清夜月"的潇洒酣畅。

"无言独上西楼，月如钩。寂寞梧桐深院锁清秋。剪不断，理还乱，是离愁，别是一般滋味在心头。"遭受幽囚的李煜面对残月，写下了他的悲寂与彷徨。这首沉郁凄婉的词后来成了历史名作。今天，我们仍能透过这首词感受到千年前李煜在月夜下的愁苦和忧伤。

月饼的来历

"月饼"这个词早在南宋古籍《梦粱录》和《武林旧事》中出现。不过，那时的月饼和菊花饼、牡丹饼等一样，只不过是寻常点心，并不限于中秋节吃。明代时，月饼才和中秋节紧密结合在一起。圆圆的的月饼被赋予团圆的寓意，中秋时，一家人围坐在一起吃月饼，亲朋好友之间还会互赠月饼。不同地区的月饼各有不同风味，广式月饼皮薄馅多、苏式月饼酥而不腻、滇式月饼的咸甜润香……这些不同风味的月饼一直延续，传承到了今天。

北宋时，八月十五正式被定为中秋节，节日当天街市会通宵营业。

月中哲学

1076 年，北宋文学家苏轼在密州（今山东诸城）担任知州。5 年前，他被调离京城，在杭州任职后不久又被调遣至密州，离家乡蜀地越来越远。

这年（1076 年）又到中秋，月亮在夜空中呈现出它最为明亮、圆满的样子。月下的苏轼却没有感受到圆满，仕途波折，亲人久别，事务繁琐，当下自己的人生支离破碎。苏轼看着窗外的月色，失去了睡意。

"人有悲欢离合，月有阴晴圆缺，此事古难全。"苏轼感悟人生的离合聚散就如月亮的阴晴圆缺，无法避免。虽然人生的际遇无常，但如此时复圆的明月，生活中也总会有美好的时刻。苏轼想起异地相隔的弟弟，安慰自己不必过于悲伤，即使身处异地，也可以和远方的弟弟共照月光，共享天上的这轮圆月。当晚，苏轼挥笔写下《水调歌头·明月几时有》这首词，并将它寄给了远方的弟弟。

苏轼从自然景观中发现了生活的哲学。他指出，江上的清风、山间的明月等都是大自然馈赠给人类的宝藏，而且这些自然美景既看不厌，也看不绝，所有人都能平等地享受，每个人当下也应珍惜。

惟江上之清风，与山间之明月，耳得之而为声，目遇之而成色，取之无禁，用之不竭，是造物者之无尽藏也，而吾与子之所共适。

——苏轼

月球的诞生

"明月几时有？把酒问青天。"夜空中或圆或缺的明月，不只引起古代文人墨客的好奇，更吸引无数天文学家思考研究。月球（俗称月亮）究竟是何时形成的？这个困惑古人的问题，今天终于有了科学的回答。

3 种假说

　　月球大约形成于 45 亿年前，不过，对于月球具体是怎样形成的，人们有不同的看法，其中主要有 3 种假说。

分裂说

　　过去，有人提出了地球分裂说，认为月球是从地球分离出去的。地球形成之初处于熔融状态，由于自转速度很快，以至于表面的一部分物质被甩了出去，这些物质后来形成了月球。分裂说成立的前提是早期地球的自转速度非常快，但人们后来计算发现，地球形成过程中很难有那么快的自转速度。

俘获说

俘获说认为月球原本是一颗普通的小天体，在路过地球的时候，被地球的引力俘获，成为地球的卫星。但远处的天体向地球靠近时，更容易被太阳系中引力更大的太阳或木星俘获，而且月球的个头很大，地球要"抓住"飞过来的月球就必须让月球减速。除非早期地球有非常厚的大气层，能消耗月球巨大的动能，否则很难俘获月球。

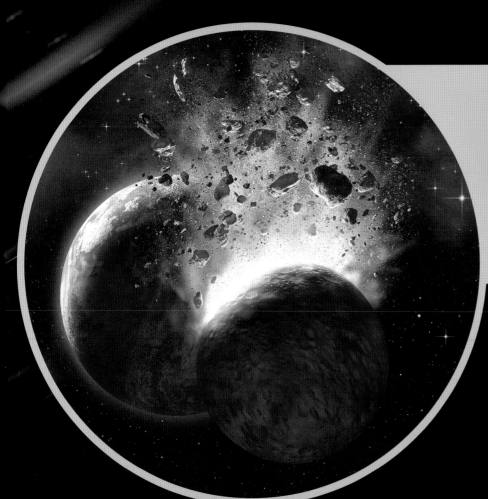

碰撞说

目前大多数科学家比较支持碰撞说。这个假说认为，月球是在一次天体撞击中诞生的。那时，地球诞生不久，一颗和火星大小相当的天体撞向了地球，撞击产生无数碎块，一些碎块被抛洒到太空中，在地球轨道附近慢慢聚集，最后形成了月球。

"基因"相同

科学家检测组成月球的各种化学元素，发现构成月球的氢、氦、钠、钾等主要化学元素与地球的高度相同。目前月球上还未发现地球上没有的特殊元素。这一发现也有力支持了月球和地球同源的"碰撞说"。

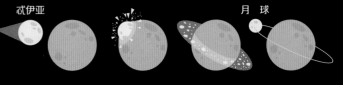

忒伊亚　　　　　　　　　　　　　　　月球

知识加油站

在地球形成初期，太阳系中一片混沌，各种天体很容易相互碰撞。月球形成后，也时常经受其他天体的撞击，而且由于没有大气层的保护，它的表面被撞得坑坑洼洼的。

人们用希腊神话中一名女神的名字"忒伊亚"来称呼这颗撞向地球的天体。忒伊亚的直径约是今天月球的两倍，它的撞击使地球的地轴发生倾斜，所以我们的地球现在是斜着自转，而不是竖着自转。倾斜的地轴也让地球产生了春、夏、秋、冬四季的变化。

永恒的伙伴

唐代诗人张若虚曾言："人生代代无穷已，江月年年望相似。"月球绕地球运行，陪伴地球度过了45亿年漫长岁月。在地球上，我们可以观察到关于月球的种种神奇天文现象，还会发现月球对地球的微妙影响。

月球的秘密

月球本身并不发光，我们在夜晚看到的月光其实是月球反射的太阳光。月球圆缺变化，也并不是月球本身变圆或变缺了，而是月球被太阳光照亮后，位于地球上的我们受光线和观察角度的影响，导致看到的月球形态有所不同罢了。这有点像我们在不同角度观察轮胎，看到的轮胎形态形态并不相同。

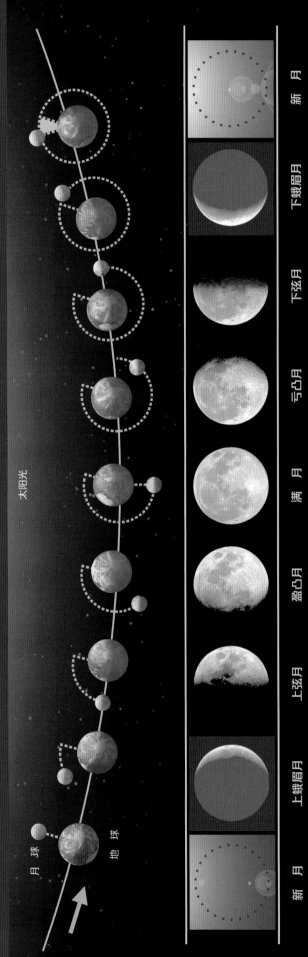

太阳光

月 球

地 球

| 新 月 | 上蛾眉月 | 上弦月 | 盈凸月 | 满 月 | 亏凸月 | 下弦月 | 下蛾眉月 | 新 月 |

27.3 天

月球绕地球公转一圈需要27.3天。月球在绕地球运行的同时也在自转，自转的周期也为27.3天。月球自转和公转同步，这使我们在地球上始终只能看到月球的正面，看不到它的背面。这个现象也叫作潮汐锁定。

上图是一个完整的月相变化周期，上弦月是月球的右半边亮，出现在满月之后。月相的相对位置决定，变化十分规律。月相由圆到缺再复圆平均为29.5天。月球的自转自西向东，地球的自转方向也是自西向东，但地球自转的速度比月球绕地球转的速度要快，所以在地球上看，月球每天从东边升起，西边落下。

月球引力

月球直径约 3476 千米，约是地球直径的四分之一。月球虽然不大，但也在对地球施加着影响，地球上海水的涨落就和月球系密相关。

月球的引力牵引着地球上的海水上升、下降，形成了涨潮、退潮现象。人们把海洋白天出现的高潮称为"潮"，夜间的称作"汐"。潮汐减慢了地球的自转速度，地球自转的部分能量也被转移给月球，使得月球离地球越来越远。受此影响，地月间的距离每年会增加 3.8 厘米左右。

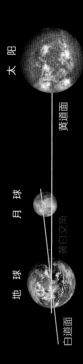

大小潮

太阳对地球也有引力影响，太阳和月球的引力相互作用，使地球上产生了或大或小的潮汐。

大潮：新月或满月时，太阳、月球和地球位于一条直线上，月球和太阳的引力叠加，此时，地球上出现的潮汐高度最大。

小潮：上弦月或下弦月时，太阳、地球和月球构成一个直角，部分月球引力会被太阳的引力抵消，此时，地球上出现的潮汐高度最小。

地球　月球　太阳

地球　月球　太阳

潮起潮落

地球上的许多动物都适应了潮汐变化，一些动物甚至会根据潮汐安排产卵。生活在美国加利福尼亚州南部海域的银汉鱼就是其中之一。新月或满月时，地球上会出现大潮，银汉鱼能借助机会借助潮水冲向沙滩产卵，以避开海里的捕食者。留在沙滩上的卵会慢慢发育，等潮水下次高涨时，孵化出的小鱼便乘着潮水回到大海。

退潮时，住在海边的人们会带上帽子、拿起小铲子，挎着篮，到海边沿岸的滩涂、礁石上采集海水退去后留下的海洋生物，这种活动被称作"赶海"。

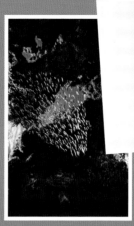

太阳

月球

地球

黄道面

白道面

黄白交角

地球、月球和太阳并不在同一轨道平面上运行。人们将地球围绕太阳运行的轨道平面称为黄道面，将月球环绕地球运行的轨道平面称为白道面，这两个轨道平面间的夹角叫做黄白交角，它的大小在 4°57′～5°19′之间变化，日食、月食现象就与黄白交角的大小变化有关。

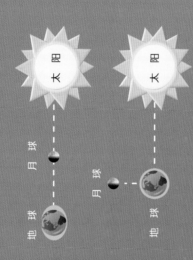

月球与历法

在描述时间时，我们常常会用到一个单位"月"，这个"月"和月球紧密相关。日常生活中使用的、记录时间的历法，就是结合月球的运行规律而确定的。

管理时间的历法

历法中的年、月、日，不仅是度量时间的方法，而且是人们进行四季劳作的重要参照，指导着人们春耕、夏种、秋收、冬藏等生产活动。今天，我们常用的历法有阳历、阴历和阴阳历。

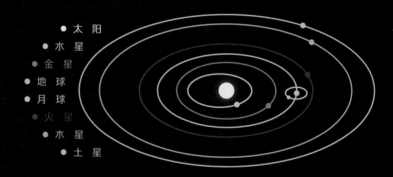

太 阳
水 星
金 星
地 球
月 球
火 星
木 星
土 星

常用的阳历

阳历是以地球绕太阳公转的周期为基础制定的历法。人们将地球绕太阳一圈所用的时间，即 365.24 天定为一年。目前，全世界通用的公历就是阳历的一种。这种历法将一年划分为 12 个月，然后平年共有 365 天，闰年比平年多一天，为 366 天。

和月球相关的阴历

另一常用的历法为阴历。月球从圆到缺，再复圆的一个完整变化周期约为 29.5 天，阴历便是将 29.5 天定为一个月的长度而制定历法。月球绕地球转一圈只需要 27.32 天，月相圆缺变化的周期却为 29.5 天。为什么这两个数值会有所不同呢？

细细观察，你就会发现原因。月球绕地球公转，同时我们的地球也在绕太阳公转。受地球绕太阳运行速度的影响，满月（A 点）出现后，月球绕地球公转完一圈至 A' 点时，太阳、地球、月球并不在一条直线上，我们在地球上观测不到满月。当月球继续运行，到达 B 点，满月才会再次出现。月球从 A 点运行到 B 点，大约需要 29.5 天。

月相周期大约为 29.5 天，所以人们将阴历中的月分为了大小

月，大月 30 天，小月 29 天。阴历中将 12 个朔望月（29.5 天）称为一年，大约是 354 或 355 天，与阳历的一年在时间长度上相差 11 天左右。

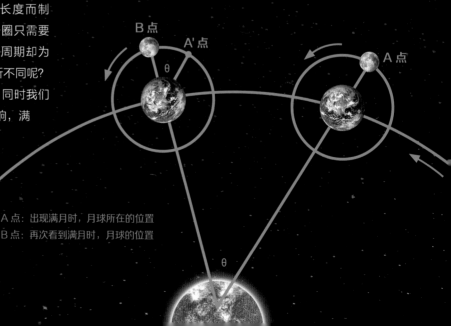

B 点
A' 点
θ
A 点

A 点：出现满月时，月球所在的位置
B 点：再次看到满月时，月球的位置

θ

农 历

　　重视农耕的中国通常将阴历与阳历结合起来使用，这样的历法就是阴阳历，也称为农历。阴历年比阳历年短 11 天左右，3 年累积的时间差便超过了 1 个月。对此，人们通过在闰年时多安排一个闰月，使这一年有 13 个月，从而实现平衡。这种历法既考虑了阴历中的月相变化周期，也结合了阳历中地球绕太阳公转的周期，能够更科学地指导农业生产和生活。

3 月 20 日或 21 日
春分

近日点

12 月 22 日左右
冬至

6 月 21 日或 22 日
夏至

远日点

9 月 23 日左右
秋分

中国的春节、端午节、中秋节等传统节日都是根据农历来确定的。

二十四节气

　　中国古人根据地球绕太阳运转的规律，在一年中设立了 24 个节气，以指引人们跟随天地自然的律动，适时安排农耕活动。二十四节气记录了四季及雨露霜雪等气候、物候的变化节点，是对一年中自然气候变化和万物生长节奏的总结。过完 24 个节气，一年刚好结束。时至今日，我们依然根据二十四节气判断时节，安排生活。

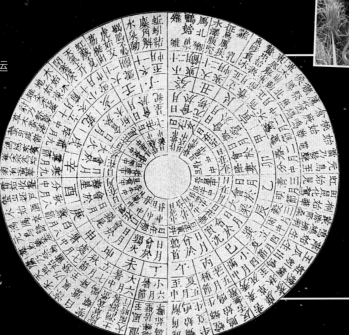

二十四节气是一份简要的地球生活指南。

　　四季更迭节点：立春、春分、立夏、夏至、立秋、秋分、立冬、冬至

　　具体气候现象：雨水、谷雨、白露、寒露、霜降、小雪、大雪

　　气温变化规律：小暑、大暑、处暑、小寒、大寒

　　农事活动时机：惊蛰、清明、小满、芒种

实践出真知

　　中国南北朝时期有一位卓越的数学家和天文学家，名叫祖冲之（公元 429—500 年）。祖冲之从小喜欢天文，他研读了大量文献资料，在实践测算中发现当时的历法存在一些错误。祖冲之后来精确算出了地球绕太阳公转及月球绕地球公转一圈的时间长度，修正了当时历法中的疏误，并编制了更精确的《大明历》。

 知识加油站

　　在天文学上，我们将月球自转的轨道周期 27.32 天称为恒星月，将月相变化的一个周期 29.5 天称为朔望月。朔望月是制定阴历的重要参考。

月食出现了!

月食是非常震撼的天文现象,中国历史上有很多关于月食的记载。古人用神话来解释月食出现的原因,有"蟾蜍食月"的说法。不过在汉朝时,张衡就发现了月食的部分真相,指出月食的出现是因为地球挡住了太阳光。

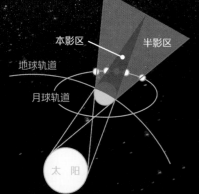

本影区　半影区
地球轨道
月球轨道
太阳

"消失"的月亮

月球因反射太阳光而被我们看到。在太阳的照射下,地球背对太阳的一面因地球本身的遮挡,会形成一个长长的圆锥状阴影区,即地球的本影区,在这个区域,阳光完全被地球遮挡。本影区外,还有一个较大的区域,这里只有部分太阳光被遮挡,称作地球的半影区。

虽然月球、地球、太阳并不在同一个轨道平面运行,但受地球的影响,月球运行的轨道会发生一定幅度的摆动。月球偶尔会运动到地球的阴影区内,此时,太阳光被地球部分或完全遮挡,在地球上就会观测到月球变暗或缺失的月食现象。

一起观测月食

月食发生时,会经过几个过程,通常会持续数小时。选一个视野开阔的高处,我们就能用肉眼直接观看月食,也可以使用双筒望远镜或天文望远镜,更细致地观察月食的整个变化过程。

半影食始

月球刚刚进入半影区,此时月球表面的亮度略微变暗。

初 亏

月球东缘开始进入本影区,发生月亏,月食开始。

红色的月亮

月全食时，整个月球都在地球本影区内，不过，此时的月球并不会在夜空中消失不见，而是会变成一轮红月亮，人们称之为"血月"。

为什么太阳光完全被地球挡住，无法照射到月球，但我们仍能看到月球，并且还是红色的呢？这是因为月全食时，地球虽然遮挡了直接射向月球的太阳光，但地球的大气层会折射部分太阳光，其中，波长较短的蓝、紫、绿光等容易被散射掉，而波长较长的红光被折射照向了月球，使月球看起来呈红色。

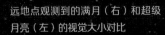

远地点观测到的满月（右）和超级月亮（左）的视觉大小对比

超级月亮

超级月亮指的是近地点的满月。

月球绕地球运行的轨道呈椭圆形，当月球运行到距离地球最近的近地点，且月球、地球和太阳恰好排成近似一条直线时，我们便能在地球上看到最大最亮的月亮，也就是"超级月亮"。近地点的满月（超级月亮）看起来会比远地点的满月大14%左右。根据计算，超级月亮每年会出现3～5次。

蓝月亮

也许你还未听说过"蓝月亮"，但很有可能你已经见过它了。

与红色的血月不同，蓝月亮并不是因为颜色而得名。当天空出现一次满月后，再等29.5天，我们就会再次见到满月出现。一般情况下，我们一个月会见到一次满月，不过，公历中每个大月是31天，小月是30天，所以1个月内也有可能出现两次满月，这个时候，人们便将1个月内出现的第二个满月称作蓝月亮。2023年公历8月中，8月2日和8月31日都出现了满月。蓝月亮相对常见，罕见的是蓝月亮、超级月亮和月全食同时发生，人们也将这种奇观称为"超级蓝血月"。据观测记载，超级蓝血月曾于1982年12月30日出现过，时隔30多年后，2018年1月31日才再次出现过一次。

食 既

随着月球完全进入地球的本影区，红月亮出现。

食 甚

此时，月球在地球本影中，月球中心与地球本影中心相距最近。

生 光

月球继续移动，开始离开本影区，全食阶段结束，月球逐渐变亮。

复 圆

月球西边完全离开本影区，月球重新变圆，月食结束。

半影食终

月球离开半影区，表面亮度恢复正常。

日食的秘密

日食，也是因月球运行而产生的一种天文现象。古代中国很早就有关于日食的记录，不过，早期人们缺少精确观测天文现象的手段，常将日食视为不祥之兆，认为日食预示着灾祸降临。

2009 年 7 月 22 日，中国曾观测到一次日全食。下一次日全食预计将于 2034 年 3 月 20 日出现，但仅中国西部极小部分地区可看到，另外在 2035 年 9 月 2 日，中国北方也有可能观测到一次日全食。

天狗食日

中国民间传说中，将日食现象称为"天狗食日"，其实日食跟月食十分相似。当月球运行到地球和太阳中间，三者正好处在一条直线上时，太阳射向地球的光会被月球挡住，于是就出现了日食现象。不过，月球个头比地球小，月球落在地球上的影子也很小，只能遮盖地球上的一小块区域，我们只有位于地球这一区域内时，才会看到太阳像月球一样，经历部分或全部消失的天文奇观。

你见过哪种日食？

根据观测到的现象，日食可以细分为：日全食、日偏食和日环食。

日全食是地球表面进入月球本影区时发生的日食现象。此时，在地球上处于月球本影区内的人会看到，整个太阳像蒙上了一块黑色的布，白天变得如同黑夜一般。在日全食期间，还能清晰观测到平常无法看到的日冕。

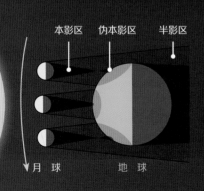

本影区　伪本影区　半影区

月球　　地球

当日食发生时，随着月球的运动，月球影子在地球表面上的覆盖区也移动变化着，最后在地球上扫过一条长长的带状区域，这个区域就叫作日食带。在日食带中的人可以看到日食现象，日食带外的人则看不到日食。

一起看日食

*红点表示观看位置

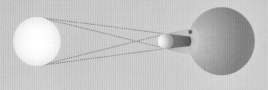

日偏食

如果地球只是进入了月球的半影区，那我们观测到的太阳只有部分被月球遮挡，此时看到的就是日偏食。

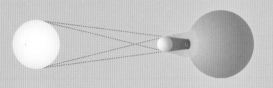

日全食

如果月球的本影区恰好落在地球表面，那么日食发生时，位于日食带本影区的人便可以看到整个太阳全部变黑的日全食现象。

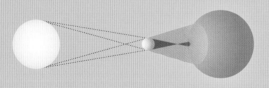

日环食

如果月球离地球较远，地球表面处于月球的伪本影区，此时观测到的太阳只有中间区域暗黑，边缘依然明亮可见。这时发生的便是日环食。

知识加油站

在太阳即将被月球完全遮挡，日轮的东边缘仅剩一丝亮弧时，亮弧上会闪现出耀眼的光点。这一奇观形似镶嵌在银色戒指上的钻石，因而被称为钻石环。

引力的故事

为什么我们不会飘向太空？为什么月球绕着地球转动？1687 年，牛顿找到了答案，他提出万有引力定律，指出地球庞大的质量赋予了地球强大的吸引力，这个力牢牢抓住了我们和太空中的月球。200 多年后，爱因斯坦给出了另一个回答，他认为引力不是一种"力"。想象地球躺在一张巨大而柔软的毯子上，沉沉的地球使毯子产生凹陷，此时若一颗弹珠进入毯子，就会溜进凹陷处，引力的本质便是时空的弯曲。爱因斯坦的理论后来得到了实验和天文观测的验证。

验证理论

1915 年，爱因斯坦发表了在当时看来极难理解的广义相对论，指出时空不是平坦的，并且光线在引力场中会发生弯曲。人类能接触到的最强引力场是太阳，但太阳本身发出的光十分强烈，人们无法观测远处星体的微弱星光在经过太阳附近时是否发生弯曲。如果出现日全食，太阳光被遮挡，就可以观测并测量出光线的偏转角度。1919 年，机会出现了，非洲的普林西比岛是观测日全食的极佳地点，英国天文学家爱丁顿带着一支探险队前往。他的观测结果与爱因斯坦计算的数据基本一致，从而证实广义相对论是正确的。

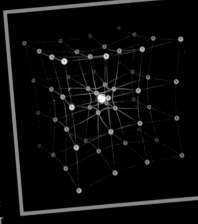

注意保护眼睛

我们一般用肉眼观测月食，但这种方法不能用于观测日食。日食发生时，太阳光虽然被遮挡了一些，但没被遮挡的阳光强度和日常一样。如果直接用肉眼观测日食，阳光聚焦在眼睛的视网膜上，很容易灼伤视网膜，对眼球造成不可修复的损伤。因此，用望远镜观测日食也要先加上滤光片。

安全观测日食，可以试试这两种方法：

● 提前购买日食观测眼镜，如巴德膜眼镜，佩戴上这种特殊眼镜后再进行观察。注意，不要买成墨镜。

● 在纸板上戳个小孔，将其朝向太阳，使太阳的投影落在另一纸板或墙面上，借投影观测日食。

观测月球

从古至今，人们对月球的探索从未停止。经过长期的观察、记录、总结，历代天文学家在一步步研究中逐渐发现规律，慢慢解开了月球的一些秘密。

知识加油站

过去，人们认为地球是宇宙的中心，其他天体都绕地球转。波兰天文学家哥白尼计算时发现，地心说无法合理解释行星的运动，而以太阳为中心，观测数据才会对上。当时教会坚信地球中心说，哥白尼不敢公开日心说，直到临近去世，他的著作《天体运行论》才得以完整出版。

哥白尼的"日心说"

肉眼观察

公元 1 世纪，中国东汉科学家张衡用肉眼观察夜空，在反复验证后，认识到月球本身不会发光，月光是月球对日光的反射光。他在著作《灵宪》中正确解释了月食产生的原因，指出月食是因太阳光被遮蔽，从而使月球出现"暗虚"的现象。

张 衡

西汉典籍《淮南子》载曰："往古来今谓之宙，四方上下谓之宇。"张衡提出，"宇之表无极，宙之端无穷"。今天，我们用"宇宙"一词来表示时间、空间等一切物质的总和。

望远镜观月

17 世纪初，45 岁的伽利略听闻荷兰人发明了一种望远镜，观察者通过它可以看到远处的物体。喜欢捣鼓、研究仪器制造的伽利略便自己动手做了一个望远镜。当他把望远镜对准天空时，发现月球并不是肉眼看到的那般光洁无瑕，相反，它的表面崎岖不平，布满了大大小小的坑。伽利略一边观察，一边在纸上绘下了月球的草图。

借助望远镜，伽利略观测到了各种天文现象，他不仅发现了木星的 4 颗卫星，还验证了哥白尼的日心说。此后，望远镜成为人们观测星空、研究月球的重要工具。

伽利略在天文和物理领域取得了很多成就，但当时的教会认为他的理论违背了宗教信仰，是异端邪说，于是判处伽利略终身监禁。1992 年，在伽利略去世 350 年后，梵蒂冈教皇终于公开承认，当初对伽利略的判决是一个错误。

伽利略·伽利莱

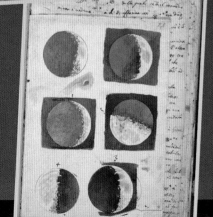

托马斯·哈里奥特 1611 年
编制的月面图

月球画像

伽利略并不是第一个将望远镜对准天空的人。1609 年 8 月，英国天文学家、数学家托马斯·哈里奥特用望远镜观测月球，并画下了一张简陋的月球肖像图。后来他又绘制了更详细的月面图，图中的月海和环形山位置非常精确。不过，哈里奥特当时并没有将这些内容整理发表，他的这一发现也就被淹没在历史中。

托马斯·哈里奥特

公元前 2600 年，古埃及人便已建造出天文台。几乎在同一时期，中国古人也建起了专门观测天文的场所——陶寺观象台，用以观测、分析农时季节。1609 年，望远镜被发明出来后，欧洲开始建造用望远镜观测星空的天文台。第一座现代意义上的天文台源自法国。1667 年，经国王路易十四同意，法国开始建造巴黎天文台。4 年后，有着高大落地窗、形似城堡的天文台在巴黎塞纳河畔顺利落成。天文学家卡西尼成为巴黎天文台的第一任台长，他曾在这里发现了土星的 4 颗卫星。

《纽约太阳报》报道的文章中称"月球人"长得像蝙蝠，拥有翅膀，可以在空中飞翔。

大骗局

1835 年 8 月 25 日，美国《纽约太阳报》在头版刊登了一篇文章——《约翰·赫歇尔爵士最近在好望角取得了重大天文发现》。文章称天文学家约翰·赫歇尔在非洲好望角，用最新研制的天文望远镜观察到月球上有生命存在。这篇文章迅速引起广泛讨论。后来，该报纸又连续刊登多篇文章，详细描述了月球上的动植物景观，甚至说月球上有独角兽和月球人。文章中描述的一系列"月球大发现"让人惊奇不已，一时间《纽约太阳报》的销量大涨，世界其他报纸也纷纷转载，但不久后《纽约太阳报》的记者承认这些报道完全是虚构的，自己假借约翰·赫歇尔之名杜撰了这些内容。这个事件后来成为历史上关于月球最轰动的骗局之一。

约翰·赫歇尔

THE FAMOUS MOON HOAX ARTICLE THAT FOOLED THE WHOLE WORLD

月球的真实模样

月球的内部结构与地球的相似，由外到内可以分为月壳、月幔和月核（内核和外核）三部分。不过，相较于地核，月核很小，其半径为 300～500 千米，质量仅占月球的 1% 左右。

月球的内部结构

❶ 内 核
月球的最内层为固态金属核，主要成分为铁。

❷ 外 核
呈液态，由铁、镍等物质组成。

❸ 月 幔
月球的中间层，占月球体积的绝大部分，可细分为上月幔和下月幔。

❹ 月 壳
月球的最外层，厚度不均匀，月球正面的月壳厚约 50 千米，背面的厚约 75 千米。

年龄： 45亿年左右
爱好： 绕地球转圈圈
体重： 约地球的八十一分之一
表面温度： −180～130℃
地月距离： 可并排放下约30个地球

原始月球的表面曾是一片熔岩海洋。随着时间的推移，月球形成壳－幔－核结构，并逐渐冷却下来。月球的火山活动也逐渐减弱。距今 10 亿年左右，月球上的大规模火山活动便停止了。

月宫和桂树

在晴朗的夜晚，凝望月球，你会发现月球表面有一些暗影。古人将这些暗影想象成月宫和桂树，浪漫地认为嫦娥、玉兔及吴刚在上面生活。

与暗色区域相反，比较明亮的区域是月球上的高地，人们称之为月陆。

想象成海洋

早期研究月球时，天文学家无法看清阴影区域的细节，便参照地球的模样，猜测月球上的暗色区域可能是海洋，于是将它们统称为"月海"。后来，随着高精度天文望远镜的诞生和探测器的发射，天文学家才发现，月球上的那些暗影和明亮的区域一样，都是光秃秃的陆地，并不是海洋。

暗影的真相

30 亿 ~ 40 亿年前，月球频繁遭受天体撞击，一些大规模的撞击使月球内部的岩浆涌出，在月表洼陷地区冷却凝固，形成大量玄武岩。玄武岩的颜色偏深，对太阳光的反射较弱，所以看上去比周围要暗许多。被玄武岩覆盖的月海占月球表面积的四分之一，而且大部分集中在月球正面。我们在月球上看到的大块不规则暗斑就是月海。

虽然月海并不是海洋，但这个因美丽的想象而诞生的名字被保留了下来，人们依旧将月球上的暗色区域冠以湖、海之名。

月海的地势整体低于月球的平均水平面。

月 海

月球表面有雨海、静海、危海、澄海、丰富海等 22 个月海，其中有 19 个分布在月球正面。月海的名字十分特别，常常跟天气有关，如云海、雨海、汽海等。

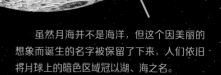

风暴洋

风暴洋是月球中最大的月海，也是唯一被称为"洋"的月海，它的面积约为 500 万平方千米，有半个中国那么大。中国嫦娥五号探测器就着陆于风暴洋中的吕姆克山脉以北地区。

月球正面

月球背面

月球北极

月球南极

月球上有什么？

　　体验地球上富有生机的自然环境后，再去探访月球，你可能会很失望，那里没有蜿蜒的河流，没有挺拔的树木，甚至连爬行的蚂蚁也找不到，映入眼帘的是灰色的岩石和寂静的太空，不过别丧气，这里也有些特别的风景。

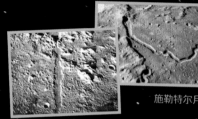

施勒特尔月谷

阿尔卑斯月谷

深邃的月谷

　　月球的表面上有一些弯弯曲曲的大裂缝，它们有的长达数百千米，宽至十几千米，和地球上的东非大裂谷一样令人震撼，人们将月球上的这种地形称作月谷。月球上宽大的月谷大多位于月陆上比较平坦的地区。科学家推测，弯曲的月谷很可能是月球早期火山活动时，高热的熔岩向低处流动时留下的痕迹。

月球上的山

　　地球上，地下岩浆活动导致板块相互碰撞挤压，在地面形成了许多或巍峨或秀丽的山峰。岩浆活动早已停止的月球上，也分布着大大小小的山峰。不过，和地球上多数山峰不同，月球上的山峰更多的是因外部天体撞击而形成的。天体撞击产生的巨大冲击使月壳发生位移或隆起，从而形成了山峰。月球上最高的山是南极附近的莱布尼茨山，它有6100米高。

形似山脉的月球皱脊

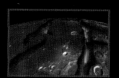

　　地球上时不时会发生火山喷发或地震活动，而月球上的火山早已陷入沉寂，不再活动。即使月球发生月震，月震的频率和能量也比地震要弱得多。

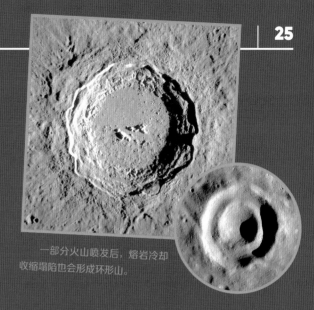

一部分火山喷发后，熔岩冷却收缩塌陷也会形成环形山。

密布的环形山

月球上最重要、最著名的地貌结构，当属环形山。环形山在希腊语中意为"碗"，人们用它来指代碗状凹坑结构，月球上的坑因此被称作环形山。月球没有大气层的保护，时常遭受小行星或彗星的撞击。撞击产生的高能冲击波，以撞击点为中心向外扩散，同时产生的膨胀波将撞击点周围的物质抛射出去，最后在月表上形成了圆盆状的环形山。

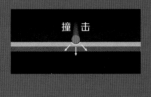

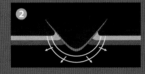

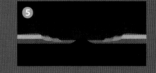

环形山的形成：

1 撞击产生的冲击波会以撞击点为中心向外扩散，并在月表形成辐射状条纹；

2 巨大的撞击使月表岩石熔化，熔化的岩石向四周散开；

3 撞击产生的膨胀波将撞击点的物质抛射出去，在月表形成碗状的凹坑；

4 撞击产生的岩石碎片堆积在撞击点周围，形成隆起的边缘。巨大的撞击坑还可能会有其他天体光顾，在坑底留下小撞击坑；

5 若撞击力足够大，熔岩和破碎的岩石会在坑底中心累积，形成中央峰。

南极 – 艾特肯盆地

2019 年 1 月 3 日，中国嫦娥四号探测器成功降落在南极 – 艾特肯盆地内。南极 – 艾特肯盆地是月球表面已知最大、最古老的撞击盆地，它的直径约 2500 千米，坑缘至坑底的高度差达 13 千米。盆地部分区域临近月球南极中可能存在水的区域，因而成为未来建设月球基地的主要候选点。

上图为阿波罗 8 号拍摄的盆地北部边缘山脉。

圆圈区域为南极 – 艾特肯盆地的内部。

30 000 多个

月球表面有许多撞击坑，它们的直径小的仅几厘米，大的达数千千米。仅月球正面，直径超过 1 千米的环形山就有 30 000 多个。人们还发现，月面的环形山越大，形成的时间可能就越早。此外，强大的撞击还会形成盆地。

知识加油站

月球上的环形山多以已故科学家的名字来命名，如第谷、亚里士多德、哥白尼等，其中也有不少用中国科学家名字命名的环形山，如毕昇、张衡、郭守敬、祖冲之、张钰哲等。

月球适合居住吗?

科学家一直在宇宙中寻找适合人类居住的第二个家园,离我们最近的月球会成为其中之一吗? 月球既没有氧气,也几乎没有大气层,环境和地球差异巨大,未来我们有可能移居月球吗?

干燥的月壤

月球的表面是怎样的? 如果踏上月球,你会发现月球表面覆盖着数米厚的月壤。过去 40 多亿年中,大大小小的天体和宇宙射线不断轰击月球,月球表面的岩石由此破碎成了无数细小的岩屑,也就是月壤。月海中月壤的厚度约 10 米,在一些古老的高地,厚度可达 100 米,但厚厚的月壤十分干燥,几乎不含水,因此我们无法直接在月表种植蔬菜。

在地球上,微生物促进了土壤有机质的分解。科学家目前也在研究细菌分解岩石的方法,希望利用微生物分解月壤,将月壤转化成能为人类所用的化合物。

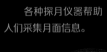
各种探月仪器帮助人们采集月面信息。

月球表面厚厚的岩屑

住在熔岩管中

过去,月球上的岩浆在流动过程中形成了一个个中空的熔岩洞,也就是月球熔岩管。月球表面的温差极大,但深入月球内部的熔岩管没有阳光直射,表面覆盖的风化层和岩石等也有良好的隔热性,因此熔岩管内的温度相对稳定。目前,月球上已发现了 300 多个潜在的熔岩管洞口,而且有的熔岩管直径达数千米,地下空间极为宽广。只要稍加改造,月球熔岩管也许能成为未来人类移居月球的天然住所。

月球熔岩管顶部的厚度可达数十米,能有效阻挡宇宙射线、微陨石撞击等。

被放大 160 倍后的月壤颗粒

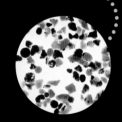

💡 知识加油站

月壤中直径小于 20 微米的被称为"月尘"。细小的月尘给探月工作带来不少麻烦,它一旦附着在太阳能电池板表面便很难清除,若进入探测仪器中,还可能引发故障。

月球上有水吗？

月球上有我们生存所需的水吗？之前，人们认为月球上没有水，但这个观点有些过时了。近些年来的探测研究表明，月球上很有可能有水。

一般说来，月球上的水会在太阳的辐射下很快蒸发消失，难以在月球上留存下来。不过，月球的南北极有一些低洼且永远没有阳光照射的月坑，被称为永久阴影区。这些永久阴影区的温度非常低，最低可至 -250℃。科学家推测，如果这些区域有水，可能会以冰的形式存在。此外，当彗星、小行星等天体撞击月球时，这些天体上挥发的水汽进入永久阴影区也会被冻结并保留下来。

2009 年，美国发射了月球环形山观测与遥感卫星（LCROSS）探测器。在撞击月球南极附近阴影区的过程中，探测器检测到了水分子的存在。月球永久阴影区的面积约为 1850 平方千米，如果这些区域充满水冰，那么月球水冰的总量将十分可观。

未来，人们将进一步前往月球永久阴影区采样探测，研究水冰在月表的分布、埋藏深度和实际储量。

可能藏有水的永久阴影区

似有若无的大气层

实际上，月球并非完全没有大气，只是它的大气非常非常稀薄，近似没有。

月球的大气是从哪儿来的呢？一些来自月壳和月幔中的氡和氦元素衰变时释放出的气体；另一些则来自太阳风、太阳光，以及小天体撞击溅射过程中产生的气体。不过，月球虽然有一定的气体产生机制，但量太少，而且月球本身磁场很弱，难以束缚住气体，所以月球大气只能维持在一个相当稀薄，甚至可以忽略不计的状态。人类在月球上活动，需要携带相应的氧气支持系统。

月球北极的地形相对平坦，探测器在北极降落的难度比在南极的要低。但与南极相比，月球北极地区的撞击坑分布比较分散，撞击坑的面积也更小，如果北极有水冰，储量也可能比南极少，因而各国都将地形更为崎岖的南极作为科研、勘探的重点。

登月竞赛

可望不可及的月球撩拨着人们的心弦。第二次世界大战后，美国和苏联两个国家决定挑战登月技术难题，他们集结众多科学家，开启了一场登月竞赛。

▲ 苏联月球探测器降落点
▲ 美国阿波罗计划降落点
▼ 美国探测者号降落点

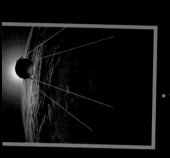

苏联发射了世界上第一颗人造地球卫星，率先开启了人类的太空时代。

这期间美国共发射了5颗徘徊者号月球探测器，但因各种故障，它们都没能成功到达月球。

徘徊者4号的发射

美国的徘徊者7号按计划撞向月球，并在撞毁前成功传回首批月球近景照片。

1957 年

1961—1962 年

1964 年

拉开序幕 ○ 第一回合
近月照片 ○  ○ ○ ○ ○

1959 年

1月2日，苏联发射了月球1号探测器，原计划撞击月球。可惜月球1号在距离月球约5900千米处掠过了月球。同年9月14日，月球2号顺利硬着陆月面，发现月球没有磁场。

10月4日，苏联发射月球3号，它从月球背面上空飞过，拍摄并向地球传回了月球背面的黑白照片，人类首次看到月球背面的景象。

月球1号

Iuri Gagarin, cosmonaut rus
12 aprilie 1961

50 ЛЕТ ПЕРВОГО ПОЛЕТА ЧЕЛОВЕКА В КОСМОС

CCCP

MOLDOVA 1.20 L

1961 年

1961年4月12日，苏联航天员尤里·加加林成为第一个进入太空的地球人，他搭乘东方1号进入太空，并成功绕行地球一周。

1965 年

3月18日，苏联的阿列克谢·列昂诺夫走出航天器，成为人类史上第一个在太空行走的人。

CCCP

月球轨道环行器

为详细了解月表情况，美国实施了"月球轨道环行器"计划。项目发射了5颗探测器，它们绕月飞行，在月球轨道附近拍摄了覆盖整个月表的月面照片。这些高精度图片为后续载人登月计划提供了重要参考。

1966—1967 年

阿波罗8号升空，3名美国航天员成功进入月球轨道航行。人们离登月又进了一步。

数十万年来，人类一直在地球上遥望月球。1968年12月24日，航天员首次在月球轨道上回望地球，并拍下了这张蓝色地球的照片。

1968 年

7月20日，阿波罗11号搭载航天员成功着陆月球，人类首次登上月球，并采集了近22千克月壤。

1969 年

第二回合
月面探测

第三回合
采集月壤

走向合作

1966 年

历经多次失败后，1月31日，苏联的月球9号发射升空，终于在月球风暴洋附近成功着陆。月球9号用电视摄像机组件对着陆点附近拍照，探测到月球表面足够坚固，可以支撑人类降落。

4月3日，苏联的月球10号进入绕月轨道，成为第一颗环月的人造卫星。

8：月球8号撞击点
9：月球9号着陆点

1970 年

1970年9月20日，苏联发射的月球16号经过8天的飞行，成功降落月球。月球16号内没有航天员，而搭载了世界首台自动取样探测器，苏联用探测器在月面顺利采集到101克月壤。

1975 年

美国和苏联中止了登月竞赛，转向合作，他们携手开启了阿波罗－联盟测试计划。1975年7月，美国的阿波罗号和苏联的联盟号在太空中成功对接，美苏两国的航天员在舱门处握手会面，并交换了礼物。

8

9

月球10号的
纪念邮票

失败的经历

登月的过程并非一帆风顺。在研发火箭，测试登月技术期间，人们遭遇过不少挫折，经历了各种失败。

知识加油站

1961—1972 年间，美国国家航空航天局开启了一系列载人航天计划。这个计划被称为阿波罗计划，主要致力于研制运载火箭和实现载人登月飞行。

突发事故

1967 年 1 月 27 日，3 名航天员进入阿波罗 1 号的指令舱，进行常规模拟发射的测试。起初一切运行正常，突然，指令舱的某处线路因短路或电流过载等原因产生了火花，火焰在充满纯氧的舱室内瞬间蔓延。3 名正在进行各项模拟检查的航天员没能逃出，在火灾中全部遇难。

重新改进

阿波罗 1 号事故发生后，人们重新检查航天器系统，改进各项设计。比如，舱盖调整为向外开启，开启程序可在 10 秒内完成；舱内供气改为相对安全的氮、氧混合气体，舱内材料替换成不易燃的。此外，航天服也改为使用带涂层的玻璃纤维材料。这些改进措施后来在阿波罗 13 号登月任务中发挥了重要作用。

阿波罗 13 号中的 3 名航天员

再度出发

阿波罗 1 号的火灾悲剧给人们带来沉重的打击，美国国家航空航天局（NASA）不得不暂停载人发射任务，开始重新测试航天器各方面的性能。阿波罗 4 号到 6 号都没有再安排搭载航天员，工程师们一遍又一遍进行发射测试，验证发射程序，检查飞行舱和引擎运行等功能。

阿波罗 7 号

阿波罗计划中第一次顺利完成载人飞行任务，3 名航天员在地球轨道上飞行了 11 天。人们对阿波罗计划重新燃起信心。

阿波罗 8 号

1968 年 12 月，阿波罗 8 号发射成功，人类第一次离开近地轨道，进入月球轨道航行，航天员在绕月期间还进行了电视直播。

阿波罗 9 号

1969 年 3 月，阿波罗 9 号在地球轨道进行飞行测试，验证登月舱独立飞行能力，并完成了登月舱和指令舱交会对接测试。

阿波罗 10 号

这是第二次执行载人绕月飞行任务，并且这次登月舱抵达了离月球表面约 15 千米处。至此，载人登月的所有技术都通过了验证。

成功的失败

1970 年 4 月，阿波罗 13 号执行登月任务时，危险再次发生。火箭顺利发射升空，但两天后，阿波罗 13 号的液氧罐发生了爆炸，服务舱破坏严重，原定的登月任务被迫取消。幸运的是，此前的改进措施奏效了，3 名航天员在这个过程中并未受伤，他们在地面指挥人员的指导下对登月舱进行改造，最后利用登月舱安全返回了地球。

虽然阿波罗 13 号登月失败，但 3 位航天员的安全返回在太空探索史上具有深远的意义，这次登月被视为"成功的失败"。3 名航天员及地面指挥人员的英勇事迹也被拍摄成电影《阿波罗 13 号》，搬上了银幕。

阿波罗 13 号顺利降落在南太平洋。

逃生系统

火箭发射前，往往需要经过多项严格检查。工程师通过飞行模拟测试，排查航天器系统可能存在的问题，在确认没有隐患后才会安排火箭发射。搭载航天员前往太空要更复杂一些，与单纯将探测仪器、货物送上太空相比，载人火箭多了一项保障航天员安全的要求。为此，航天工程师研究了许多救生及安全返回技术。逃逸塔便是当前载人航天通用的救生装置之一。

逃逸塔安装在载人火箭的顶部，它的尾端与航天员的座舱相连。一旦发射过程中出现故障，逃逸塔底部的发动机会瞬间点火，像拔萝卜一样将航天员的座舱拽离火箭，然后降落到安全区域。

一般只有载人火箭才会安装逃逸塔。如果发射顺利，逃逸塔会在火箭上升到 39 千米高空后自动脱落。进入高空后，还有高空逃逸装置保障航天员的安全。

航天员座舱

出发，去月球！

登月竞赛中，最引人注目的毫无疑问是阿波罗 11 号，人类首次登陆月球，在那遥远的天体上留下足迹。这次登月也成为人类太空探索史上的一座里程碑。

飞出地球

1969 年 7 月 16 日这天，美国肯尼迪航天中心里，工程人员核对着各项数据。发射台上，高达 100 余米的土星 5 号火箭已经就位，它静静地矗立着，等待指令奔赴遥远的太空。

发射场周围人潮涌动，美国前总统约翰逊及多名官员也来到了现场，同观众一起观看阿波罗 11 号的发射。这是人类用火箭搭载航天员实行登陆月球的首次尝试，美国乃至全世界的人都在关注这一历史性时刻。

阿波罗 11 号计划飞行线路

阿波罗 11 号搭载的 3 名航天员

指令长	指令舱驾驶员	登月舱驾驶员
尼尔·阿姆斯特朗	迈克尔·科林斯	巴兹·奥尔德林

阿波罗 11 号点火发射

阿波罗 11 号发射期间的
地面控制中心

准备登陆

阿波罗 11 号顺利升空。7 月 20 日，飞船进入月球轨道，到达预定位置。鹰号登月舱慢慢与哥伦比亚号指令舱分离。科林斯留在指令舱，阿姆斯特朗与奥尔德林操作登月舱，下降高度，准备登陆月球。

地面控制中心的人们盯着面前的屏幕，紧张地等待着。终于，通信频道传来阿姆斯特朗的声音："休斯顿，这里是静海基地，鹰号着陆成功！"听到消息，控制中心的人们无比兴奋，场内爆发出热烈的欢呼。登月舱中，2 名航天员做好各项准备工作后，缓缓打开舱门。第一个出舱的是阿姆斯特朗，他踏上月球表面，说出了登陆月面后的第一句话："这是我个人的一小步，却是人类迈出的一大步。"

随后，奥尔德林也沿着扶梯爬下登月舱，踏上了月球，在月面进行行走测试。月球引力只有地球引力的六分之一，穿着笨重的航天服在月球上行走，就像踩在蹦床上行进。

阿波罗 11 号登月舱的支架上携带了一块长 22.5 厘米、宽 19 厘米的不锈钢纪念牌。这块纪念牌上刻着地球东西半球的平面图和一段文字："1969 年 7 月，行星地球上的人类第一次在月球上留下了足迹。我们代表全人类来这里进行一次和平的旅行。"底下还有总统尼克松及执行登月任务的 3 名航天员的签名。阿姆斯特朗和奥尔德林踏上月面后，一起取下纪念牌，将它放在了登月舱降落点附近。接着他们安装电视摄像机等仪器，详细考察了月面情况。

紧张的返程

首次登月的返程也充满挑战，燃料是否充足，引擎还能稳定运行吗？这些都不确定。为了减轻登月舱返回时的质量，两位航天员丢掉了所有不必要的装备，甚至将航天服上的便携式生命保障系统背包也丢掉了。幸运的是一切运转良好，登月舱上升到月球轨道，与指令舱成功会合。1969 年 7 月 24 日，阿波罗 11 号的 3 位航天员顺利返回地球。但因为担心从月球带回未知的病原体，3 名航天员落地后被隔离了起来，18 天后他们才走出隔离舱。

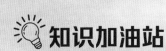

阿波罗 11 号中，两位首次登月的航天员在月面活动了约 2.5 小时，之后便离开了月球。月面停留最长时间的纪录是阿波罗 17 号创造的，航天员在月面累计停留了约 22 小时。

结束登月

从阿波罗 11 号到 17 号，除阿波罗 13 号登月失败外，其他都取得圆满成功，其间共有 12 名航天员登上了月面。最后一次踏上月球的是阿波罗 17 号。在即将离开月球时，阿波罗 17 号指令长尤金·塞尔南在登月舱前感慨道："我们来过这里，现在我们要离开；如果情况允许，我们还会带着全人类的和平与希望回到这里……"

至此，阿波罗登月计划结束。

登月装备

虽然月球是离地球最近的天体，但我们和月球的平均距离仍有 38 万千米。这相当于速度为 350 千米／时的高铁要全速行驶 45.3 天，即使是航速 900 千米／时的飞机，也要飞行近 18 天。航天员要顺利完成如此长距离的旅行，就需要一些特殊的装备。

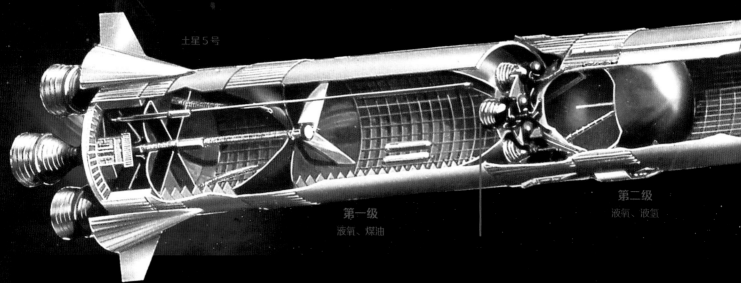

土星 5 号

第一级
液氧、煤油

第二级
液氧、液氢

飞上天空

载人登月面临的第一个问题就是，怎样将航天员和各种探测仪器送上太空。科学家研发出了火箭，阿波罗登月计划中搭载航天员和飞行器的火箭是土星 5 号，它高 110.6 米，重约 3000 吨，第一级火箭的直径达到了 10 米。

沃纳·冯·布劳恩

背后的设计师

出生于德国东普鲁士的布劳恩是德国著名的火箭专家。第二次世界大战后，他和他的工程团队加入了美国。后来，他担任美国国家航空航天局的副局长，负责空间研究开发项目。布劳恩主持设计了土星 5 号运载火箭。依靠土星 5 号，阿波罗计划中的航天员成功进入太空，完成了登陆月球的壮举。

指令舱和服务舱负责将航天员送往月球轨道，登月任务完成后再载着航天员返回地球。

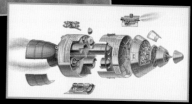

阿波罗指令舱和服务舱的结构图

太空生活

火箭的大部分空间都留给了推进飞行的燃料，在前往月球的旅程中，航天员主要待在火箭顶部的指令舱中，舱内携带有航天员全程所需的食物、水等生活物资，服务舱则装载着抵达月球并返回地球的燃料。

降落月球

登陆月面要用到登月舱。进入月球轨道，到达预定位置后，登月舱与指令舱分离，1名航天员控制指令舱留在月球轨道，其他航天员驾驶登月舱降落至月面。完成登月探测后，登月舱从月球表面起飞，与月球轨道上的指令舱交会对接，最后航天员乘指令舱返回地球。

登月舱高 6.4 米，宽 4.3 米，有 4 个支撑脚，重约 15 吨，舱内的空间可容纳 2 名航天员。

阿波罗 16 号登月舱

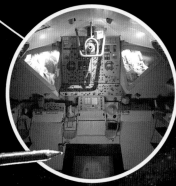

第三级
液氧、液氢

登月舱

指令舱和服务舱

逃逸塔

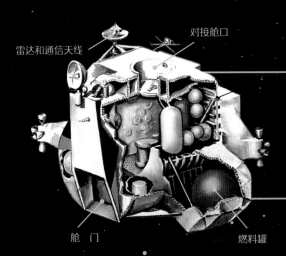

雷达和通信天线

对接舱口

登月舱上升级

上升级是乘员舱。登月任务完成后，航天员乘坐上升级回到月球轨道并与指令舱交会对接。

舱门

燃料罐

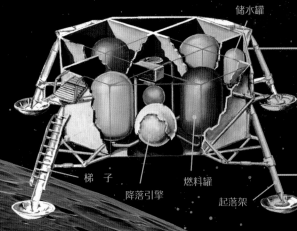

储水罐

登月舱下降级

在登陆月球的过程中，航天员通过控制下降级的引擎减速，调整登月舱姿态，实现月面软着陆。

梯子

降落引擎

起落架

燃料罐

航天服

除火箭、指令舱、服务舱和登月舱外，人们还给航天员准备了专门的服装，帮助航天员在缺氧、低温、高太阳辐射的太空环境中安全活动。在航天器发射和着陆阶段，航天员穿的是舱内用应急航天服，这套服装会接通舱内的供氧系统，并具有压力防护和对外通信功能；安全进入太空后，航天员可以换上比较简单舒服、适合活动的衣服；登陆月面时，航天员就要穿上特制的登月航天服，登月航天服的功能设计要求更高。

月面的昼夜温度在 −180 ～ 130℃之间变化。为耐受高温，抵御辐射，防止人体热量过度散失，登月航天服往往由舒适层、加压层、限制层、防热层等多层复合制成。此外，还配备有防紫外线面罩，供氧的生命保障系统装置及隔热靴等。在保障航天员的生命安全后，登月航天服还需使穿戴者能在月面灵活行动。

阿波罗登月服

世界各国的登月计划

随着经济发展，科技日益进步，中国、俄罗斯、欧盟、印度等纷纷制定探索月球的计划，太空探测俱乐部的成员逐步增多。

POCKOCMOC

俄罗斯国家航天集团公司

俄罗斯

1976 年，苏联的最后一颗探测器月球 24 号成功采集月壤，返回地球。时隔 47 年后，俄罗斯延续苏联的登月活动，于 2023 年 8 月发射了月球 25 号探测器。俄罗斯规划 2030 年前完成包含载人航天器等技术测试，2031—2050 年尝试登陆月球表面，包括执行载人飞行至月球的任务，在月面创建部分可供探索活动的单元等。

俄罗斯国家航天集团公司

谢尔盖·科罗廖夫

科罗廖夫是苏联火箭和航天系统的总设计师，他研制的运载火箭，将世界上第一颗人造卫星成功发射升空。后来他又陆续领导研制出多种火箭，将苏联的载人飞船、月球号系列探测器等送入了太空。今天，以科罗廖夫命名的科罗廖夫能源火箭航天集团是俄罗斯运载火箭和航天系统的主要负责机构。

esa

欧洲空间局

欧 盟

1975 年，欧洲多个国家联合成立了航天合作组织——欧洲空间局。

1998 年，欧洲空间局成功研制出阿丽亚娜 5 型重型运载火箭，可以将各类卫星送至地球轨道。欧洲第一个月球探测器 SMART-1 便是搭载阿丽亚娜 5 型火箭升空的。不过，阿丽亚娜 5 型单次发射价格高达 2 亿美元，欧洲空间局准备研发新型火箭，同时他们也寻求和其他组织合作，计划在 2025 年前登上月球。

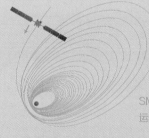

SMART-1 的运动轨迹图

月球探测器 SMART-1

SMART-1 全名为"先进技术研究小型航天器 1 号"。2003 年，SMART-1 发射升空后，通过太阳能离子推进器将自己推离地球，从而进入月球引力范围。这一过程十分缓慢，SMART-1 到达预定的月球轨道时，时间已是 2005 年 2 月。虽然慢，但 SMART-1 最终顺利完成了绕月探测。

知识加油站

欧洲空间局拥有 20 多个成员国，法国、德国、意大利、西班牙等国都在其中。

美国国家航空航天局

印度空间研究组织

中国国家航天局

美 国

阿波罗计划结束 50 多年来，美国再没有登陆月球，而是采用发射人造卫星的方式，延续对月球的探测。2019 年，美国宣布了重返月球的"阿耳忒弥斯"计划，决定在 2025 年前后将航天员送上月球，开展月球南极探测，并在 2030 年前将航天员送入构建完成的月球轨道空间站中。

"阿耳忒弥斯"计划由美国国家航空航天局主导，联合超过 20 个国家合作推进。继英国、澳大利亚、加拿大、日本之后，印度、卢旺达、阿根廷、捷克也陆续签署了探索月球的《阿耳忒弥斯协定》。

美国国家航空航天局
华盛顿总部

阿耳忒弥斯 1 号火箭

印 度

2008 年，印度发射了首颗绕月卫星——月船 1 号，月船 1 号成功抵达月球轨道，可惜它在轨工作 10 个月后，与地球失去了联系。印度第二个月球探测器是月船 2 号，它于 2019 年 7 月发射升空，但在尝试软着陆月面时失联坠毁。4 年后，2023 年 7 月 14 日，印度再次向月球进发，将月船 3 号送入太空。这次，探测器成功着陆月球。

印度在 2023 年 6 月签署了《阿耳忒弥斯协定》，加入美国的阿耳忒弥斯计划中。目前，印度也在进行全自主载人航天器的研制，希望成为全球第 4 个具备载人航天能力的国家。

印度空间研究组织班加罗尔总部

中 国

1993 年，中国国家航天局成立，开始研究、拟定航天发展规划，筹备组织各项航天工程。

2004 年，中国正式启动月球探测工程——嫦娥工程，计划在 2020 年前登陆月球，取回月壤。今天这一目标已经实现，中国拟在 2030 年前实现首次载人登陆月球，并在月球南极附近建成月球科研站基本型，为多国科学家在月面驻留研究提供设施。

嫦娥一号卫星发射

西昌卫星发射中心

中国西昌卫星发射中心始建于 1970 年，它位于四川省西昌市，2007 年开始承接中国探月工程的发射任务。中国的第一颗月球探测卫星——嫦娥一号便是在这里成功发射的。西昌卫星发射中心支持发射多种型号的卫星，不仅负责国内各类卫星的发射，还同国外合作，为澳大利亚等国成功发射了多颗卫星。

254亿美元

"阿耳忒弥斯"计划是由美国主导的太空探索的战略性工程。2022 年 12 月，美国公布了 2023 年财政综合支出法案，其中计划为美国国家航空航天局提供 253.84 亿美元的资金。

中国探月工程

2004 年，中国国家航天局启动了中国第一个探月工程——嫦娥工程。嫦娥工程的规划分为"探""登""驻"三大步，对应实现无人探月、载人登月、长久驻月三大阶段目标。目前，中国已成功完成第一阶段"探"。

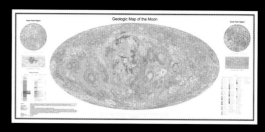

中国科学院绘制的 1∶250 万月球全月地质图

探月三小步

"探"月阶段的目标是实现无人登月，取得月壤。这并不是一件轻松的任务，苏联和美国在探月过程中投入了巨额资金，遭遇过多次失败。在嫦娥工程上，中国探月工程师经过细致研究，决定将"探"月阶段再细分为"绕""落""回"三小步，逐步实现目标。

一期工程："绕"

发射月球轨道器，在距离月球表面 200 千米的高度绕月飞行，对月球进行全面探测，获取月面信息。

2010 年 10 月 1 日
嫦娥二号

2013 年 12 月 2 日
嫦娥三号（携玉兔号）

2018 年 12 月 8 日
嫦娥四号（携玉兔二号）

三期工程："回"

发射月球自动采样返回器，在月球表面用钻孔及机械手分别采集月球深处岩石和表层土壤，将采集的样品带回地球。

2007 年 10 月 24 日
嫦娥一号

二期工程："落"

发射带有月球巡视器的探测器，降落在月球表面，释放出月球巡视器，对月面进行勘察。

2020 年 11 月 24 日
嫦娥五号

月球的背面

在地球上，我们看到的一直是月球正面，对它的背面知之甚少。直到 20 世纪，人们才通过绕月卫星了解到月球背面分布着大大小小的陨星坑。有科学家分析，这些坑有的年龄达十几亿岁，也许能通过它们获得宇宙起源的部分信息。面对未知的区域和可能的解答，人们对月球背面萌生出强烈的好奇。在嫦娥一号、二号和三号收集完月面信息后，嫦娥四号便开启了前往月球背面的征程。

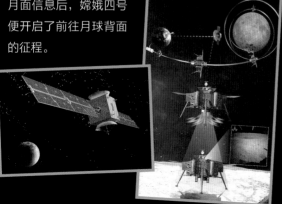

嫦娥三号降落区域

月球正面（左）
月球背面（右）

崎岖的地形

中国首次登上月球，进行探测的是嫦娥三号，嫦娥三号降落在了月球正面。如果说月球正面是"平原"，那么月球背面便是"山区"，月球背面月陆居多，但上面环形山密布，地形比正面复杂得多。探测器要想平稳降落，难度很大，过去也没有航天员或月球巡视器选择在月球背面着陆。

Halo 轨道

鹊桥号中继卫星在 Halo 轨道上运行

没有信号

由于无线电信号无法穿透月球，月球背面的探测器无法与地球直接通信。为解决这个问题，探月工程团队先发射了一颗中继卫星——"鹊桥"，这样嫦娥四号可以通过它中转信号，联系上地球。不过，探测器降落时回传到地球的画面仍有一定延迟，地面控制中心无法实时调控，着陆失败的风险依旧很高。

寻找突破

怎样才能保证探测器平稳降落呢？思前想后，工程师决定让嫦娥四号"自主"思考判断。他们给嫦娥四号加上了"火眼金睛"，让它在降落时实时观测月貌，避开石头和坑洞。同时工程师还给嫦娥四号增加了悬停观察的辅助技能，使嫦娥四号有充足的时间做判断，完成调整。在这些技能的加持下，嫦娥四号奔向月球。

嫦娥四号降落区域

嫦娥四号的辅助装备

● 光学成像敏感器初步观察区域地形
● 激光三维成像敏感器精准选择着陆点
● "大长腿"着陆缓冲，保证降落平稳

 知识加油站

月球背面的坑比月球正面要多得多，密密麻麻的坑似乎揭示着，月球就像一个盾牌，为地球挡住各种小天体，守护地球的安全。

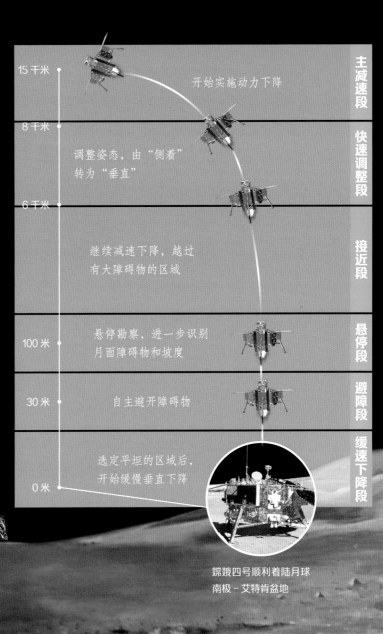

15千米	开始实施动力下降	主减速段
8千米	调整姿态，由"侧着"转为"垂直"	快速调整段
6千米	继续减速下降，越过有大障碍物的区域	接近段
100米	悬停勘察，进一步识别月面障碍物和坡度	悬停段
30米	自主避开障碍物	避障段
0米	选定平坦的区域后，开始缓慢垂直下降	缓速下降段

嫦娥四号顺利着陆月球
南极－艾特肯盆地

嫦娥四号并不是"孤身"前往月球，同它一起登陆月球的还有月球巡视器玉兔二号。

嫦娥五号奔月

2020 年 11 月 24 日凌晨，中国文昌航天发射场内灯火通明。温热的空气中，兴奋的人群同探月工程师一起，守望着远处的白色火箭。随着橙红色火焰燃起，轰隆隆的声响打破夜的静谧，一个耀眼的光球从地面升起，飞向月球。

奔向苍穹

经过前期探测和着陆相关技术的积累，2020 年 11 月 24 日凌晨 4 点 30 分，嫦娥五号肩负着采集月球样品的使命，在人们满含期待的目光中出发了，这是"探"月阶段的最后一步，也是最关键的一步。

不一样的身形

与前面奔月的"嫦娥姐姐"相比，嫦娥五号的"体重"更重，这是因为它去月球多了一项任务——取月壤。和嫦娥三号、四号着陆器加巡视器的构造不同，去月球挖土的嫦娥五号补充了新的仪器，它由上升器、着陆器、返回器和轨道器串联而成，多了许多装备。

上升器
它负责将采集到的月壤带离月球。

着陆器
它负责降落到月面，采集月壤。

返回器
采集的月壤会被存放在这里，带回地球。

轨道器
它负责对接上升器，将月壤转移到返回器中。

长征五号火箭

新的搭载伙伴

因为携带有返程的燃料和各式装备，嫦娥五号的重量是嫦娥四号的 2 倍多，达到了 8.2 吨。之前的探测器都是由长征三号甲系列火箭运载发射的，但嫦娥五号需要更强大的运载伙伴，将它送上太空，因此工程师只能研制新的火箭。中国目前运载能力最大的火箭——长征五号火箭就这样应运而生。

56.97 米

长征五号火箭高 56.97 米，直径约 5 米，携带 4 个助推器，可以将 25 吨重的卫星、探测器等送入太空。中国前往火星探索的天问一号也是由它发射升空的。

远望号火箭运输船队负责将长征五号火箭运送至海南文昌航天发射场。

突发的阻碍

2020 年 12 月 1 日，嫦娥五号中的上升器和着陆器稳稳地降落在预定的降落点，返回器在月球轨道继续运行待命。在下一个返回的发射窗口来临前，着陆器需要完成月壤采集。

嫦娥五号按计划在月球表面钻探取土，正在下探的钻头忽然停在了月球表面下 1 米处。地面控制室内，工程师检测数据发现钻头并没有故障，唯一的可能是遇到了坚硬的岩石。他们讨论后决定加大钻头的钻探力度，但 1 分钟过去了，2 分钟过去了……月球地下的那块岩石丝毫没有被撼动的迹象。控制中心显示屏上，下钻深度依旧停留在 1 米多。

嫦娥五号飞离地球。

地面控制中心的工程师不禁担心起来，如果岩石过于坚硬，钻碎后的坚硬石块碎片可能会损坏装月壤的织袋，导致采集到的月壤洒落，甚至影响后续月壤的运输。想到这些，工程师决定停下，保存已经获得的月壤样品，不再下钻。

虽然没有达到 2 米深的取样目标，但月球表面下 1 米的土壤被顺利采集了起来，同时，嫦娥五号用机械臂在月球表面也铲了一些月壤。这些珍贵的样品最后都被完好地带回了地球。

嫦娥五号的轨道器与返回器在地球附近分离。

❶ 机械臂
灵活的机械臂通过铲挖获取月球表面月壤。

❷ 钻取装置
腹部的钻头深入月表，采集月球深层月壤。

嫦娥五号的返回器携带月壤在预定区域安全着陆。

知识加油站

在太空中，探测器朝向太阳的一面温度可达 100℃以上，背着太阳的一面低至 -100℃以下，极端的冷热温差会影响仪器设备运行，而且太空辐射会加速探测器材料的失效。因此，探测器的外部常包裹着一层由高分子材料与金属材料复合成的薄膜，用以隔热保温、防辐射，保护探测器。

干燥的月球

嫦娥五号从月球取回 1731 克月球土壤，这些土壤是特地在月球的火山处采集的，它们或许能帮助科学家更好地了解月球的地质特征，以及太阳系是如何形成的。从当前获得的月球样品来看，月球十分干燥，1 吨月球岩石中大约有 170 克水，而 1 吨月壤中仅有约 120 克水。

16 年的探月路

从 2004 年探月工程立项，到 2020 年嫦娥五号登月采样返回，中国的探月工程已走过 16 年。比 16 年更久的是欧阳自远院士的探月梦。1992 年，欧阳自远论证并撰写了中国探月的可行性报告和发展规划。后来，他成为中国嫦娥一期工程首席科学家。今天，中国的探月路还在继续，未来嫦娥六号、七号将前往月球南极等地，为建立月球科研站做准备。

100倍

月球的大气稀薄，银河宇宙射线可以轻松到达月球表面，导致月球表面的辐射强度是地球的200倍左右。无论是航天员还是探测器，前往月球表面工作时都要十分小心。

玉兔探月

中国的神话传说中，有一只兔子陪着嫦娥，和她一起住在月亮上。现在，我们可以指着月亮说，上面真的有"嫦娥""玉兔"了，并且它们正在帮助人们勘探月球。

首只登月"兔"

2013年12月14日，嫦娥三号携带着玉兔号月球车顺利在月球雨海盆地降落，至此，嫦娥奔月不再是神话，"嫦娥""玉兔"真的踏上了月球。和传说中的玉兔不同，玉兔号是中国研制的首个月面巡视器，全身都是科技装备，它可以应对月表强辐射，适应 -180 ~ 150℃的极端环境，是货真价实的高科技"兔"。

玉兔号的"脚"被精心设计过，6个金属轮可以独立行进，即使其中一个轮子损坏，也不影响玉兔号行动。此外，由钛合金和铝基复合材料制成的金属轮既轻盈又耐磨，镂空的筛网车轮还能减少行进中扬起的月尘，以免月尘微粒影响玉兔号携带的工作仪器。依靠金属轮，玉兔号可以轻松越过石块，爬上20°的斜坡。

玉兔号的设计寿命为3个月，但它最终在月球上待了972天。2016年7月31日晚，玉兔号结束了月面探测工作，在月球上沉沉睡去，再也没有醒来。

① 头上的"眼睛"是全景摄像机，可以随时拍下在月面巡视时看到的景象。

② "耳朵"是测月雷达，藏在腹部，能接收月球反射的电磁波，探明月球的地质结构。

③ 两侧装备的"翅膀"是可折叠太阳翼，能将太阳光转化成电能。

④ 体外包裹着一层"护甲"，能抵挡宇宙射线的辐射，保证玉兔号正常运转。

玉兔号长1.5米，宽1米，高1.1米，重约140千克。

玉兔二号巡视器离开
嫦娥四号着陆器。

世界首台月球车

　　世界上最早登陆月球的巡视器来自苏联。1970 年 11 月 17 日，苏联发射的月球 17 号探测器顺利在月面软着陆，将月球车 1 号将送上了月球。月球车 1 号拍摄了大量的月面照片，并在月球表面进行了长达 10 个半月的科学探测。

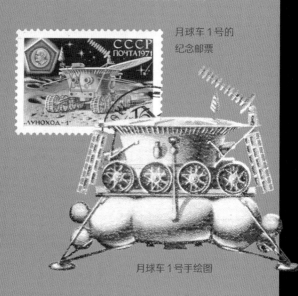

月球车 1 号的
纪念邮票

月球车 1 号手绘图

☀ 知识加油站

　　当太阳光消失时，月夜来临，玉兔号就会进入休眠状态。和地球上的夜晚不同，月夜持续时间长达 14 天，月夜期间月球表面的温度可低至 −180℃以下。为应对月球上的寒冷夜晚，科学家特地给玉兔号设计了一个供热装置，帮助玉兔号调节"体温"，避免被冻坏。

玉兔二号

　　2019 年 1 月，玉兔二号也顺利抵达月球，成为世界上第一个前往月球背面探测的巡视器。月球的背面荒凉而冷清，在月球背面还无法联络地球。为和玉兔二号进行沟通，探月工程师给前往月球背面的玉兔二号安排了专门的"联络员"——"鹊桥"中继卫星，玉兔二号将探测数据传输给"鹊桥"，然后再由"鹊桥"传输至地球。

　　这次前往月球，玉兔二号和嫦娥四号还带去了地球上的种子，在月球上进行生物培育实验。其中的棉花种子顺利在培育室中发芽，可惜的是月球没有大气层，到晚上就特别冷，萌发后的嫩芽没能撑过寒冷而漫长的月夜。未来，科学家能否找到合适的方法，让一些种子在月球上顺利长大、开花结果呢？让我们拭目以待吧！

玉兔二号在月面走过的路线

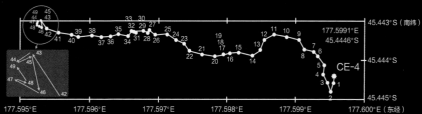

地面指导团

　　地球上，有一个团队持续关注着玉兔的一举一动。玉兔将月球上探测的各类数据发往地球，地面工程师团队接收数据后进行分析，根据探测需求，制定玉兔的探测计划，帮助它们顺利前进。

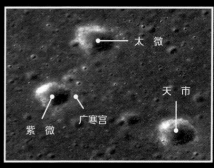

月上广寒宫

　　2016 年，中国提出的 4 个月球地理命名被国际天文联合会批准通过，其中嫦娥三号着陆点附近区域被命名为"广寒宫"。

为什么要去月球？

月球如此荒凉，离地球又远，为什么世界各国如此关注它呢？月球上有什么资源，值得人类不断发射探测器，甚至还要载人前往月球呢？这些问题的答案就在我们身边。

居安思危

人类居住在地球上，依靠地球的资源建造了美好的家园，但地球的环境并不稳定，飓风、火山、地震、海啸等时有发生，给人类生活的家园造成极大破坏。除了这些自然灾害外，地球还可能面临来自宇宙的威胁，如小行星撞地球，一旦发生，人类就可能遭遇和恐龙一样的厄运，从地球上消失。随着科技的进步，我们开始放眼广袤的宇宙，寻找其他的理想家园。离地球最近的月球，无疑是各项太空技术的理想试验地。

中国与国际伙伴合作筹建的国际月球科研站将由地月运输系统、月面长期运行保障系统、月面运输与操作系统、月球科研设施系统和地面支持及应用系统五大基础设施构成。

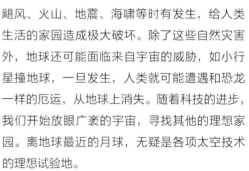

2030年

中国将分步建设国际月球科研站，在 2030 年前后建成科研站的基本型，2040 年前后建成完善型。国际月球科研站将服务于载人登月、地月空间实验，以及支持对火星、金星的深空探测等。

丰富的能源

　　月球虽然荒凉，但拥有特别的资源。月球表面没有大气层遮挡，太阳光直射到月球表面，使月球拥有丰富的太阳能。

　　此外，月球土壤中蕴藏着百万吨氦–3。氦–3是一种核聚变燃料，可以用来发电，太阳便是通过核聚变产生光和热的。月球上还有丰富的硅、钛、铁等矿产资源，可以用于建设月球基地或者地月空间站。

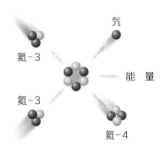

太空转运站

　　月球的地质构造稳定，但它近似没有大气，磁场微弱，而且引力只有地球的六分之一。在地球上发射火箭，火箭升空需要耗费大量的燃料才能挣脱地心引力，飞向太空。若在月球上发射火箭，就不需要那么多的燃料了。如果将月球打造成太空转运站，未来我们发射深空探测器，载人前往太阳系中的其他行星就会方便很多。

摧毁可能撞击地球的小天体。

预警前哨站

　　与在地球高轨道运转的人造卫星相比，月球所在的位置更高也更远，可以说月球是地月系统中的天然制高点。在月球上可以对近地空间乃至深空小天体进行监测，一旦发现有小天体可能撞击地球，对地球的安全造成威胁，就可以使用激光等对小行星进行摧毁，或者改变其运行方向，从而保护人类的安全。

绝佳观测点

　　几乎没有大气的月球是理想的天文观测点，可长时间连续观测太空。月球作为天然的物理屏障，还可以隔离地球的电离层、轨道卫星等产生的电磁干扰，架设在月球背面的望远镜有更敏感的探测能力，能获得更精确的宇宙观测数据。

月球上的天文台可以全天观测太阳、宇宙射线，以及宇宙中的全波段电磁波。

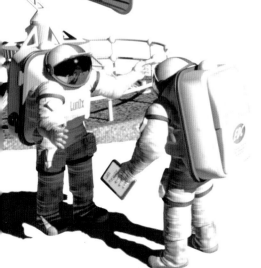

采访嫦娥家族

嫦娥家族成员个个身怀绝技，它们通过紧密的配合，成功实现了登月梦。今天，我们就一起去采访它们探月背后的故事吧。

月球捕获轨道
127 分钟轨道
3.5 小时轨道
12 小时轨道

嫦娥一号的运行轨迹

地月转移轨道

调相轨道
48 小时轨道
24 小时轨道
16 小时轨道

嫦娥一号

2007 年 10 月 24 日发射升空
技能：绕月探测

您是嫦娥家族的探月先驱吧？

嫦娥一号：哈哈，没想到被你认出来了，现在我已经圆满完成任务，光荣退休啦，接下来就交给后浪们了，能不能将月中广寒宫变为现实，就看它们了！

嫦娥一号传回的首张月面图

听说你最初是嫦娥一号的备份卫星？

嫦娥二号：是的，但我有自己的规划。探测月球后，我飞向了宇宙深处，和那块可能撞击地球的小行星图塔蒂斯碰了个面，我还给它拍了照片，传回地球了呢！

嫦娥二号

2010 年 10 月 1 日发射升空
技能：深空历险

小行星 4179

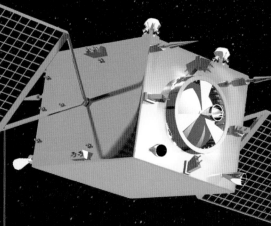

小行星 4179 又叫图塔蒂斯，它是人类已知对地球构成潜在威胁的，个头最大的近地小行星之一。2012 年 12 月 13 日，嫦娥二号卫星前往距离地球约 700 万千米远的深空，飞抵小行星图塔蒂斯附近，完成了世界首次对图塔蒂斯的近距离探测。

从嫦娥二号拍摄的图像来看，图塔蒂斯的形状十分不规则，像是巨大的哑铃。大约每隔 4 年，图塔蒂斯就会接近地球一次，但它的运行轨道并不固定，有时离地球很远，有时又很近，因而受到科学家的关注。

接下来你还会去哪呢？

嫦娥二号：我下一站要去拜访太阳，做中国第一颗环绕太阳飞行的人造小行星，祝我一路顺风吧。

作为嫦娥家族第一个登上月球表面的成员，
你感觉怎么样？

嫦娥三号
2013 年 12 月 2 日发射升空
技能：月面巡视勘察

嫦娥三号：很不错哟，我还把玉兔号带上了月球，现在
月球上真的有玉兔了。不过，月表环境和地球环境完全
不同，那里没有树，也没有流动的水，月夜还特别冷，
其间玉兔号有点水土不服，好在我们都挺过来了。

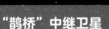

嫦娥三号着陆月球

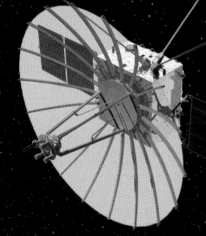

"鹊桥"中继卫星
2018 年 5 月 21 日发射升空
技能：地月联络

咦，你是谁？看名字，你不是嫦娥家族的吧？

鹊桥：你这见识少了吧，居然没听说过我的名字，我可是登
月的功臣，工程师就是靠我携带的大口径通信天线，联系嫦
娥四号，指引它降落到月球背面的。

这……这么厉害吗？

鹊桥：那是当然，我可是地月间最霸气的通信一哥。

嫦娥四号
2018 年 12 月 8 日发射升空
技能：月球背面探险

你也是备份卫星吗？
嫦娥家族怎么有那么多的备份卫星？

嫦娥四号：太空探索充满了不确定因素，工程
师担心出现意外，就会多准备一个探测器备
用，这在航天工程中十分常见。幸运的是，
我们家族每个成员都顺利完成了任务，所以
我就有了新的使命——登陆月球背面。

为什么要去月球背面呢？

嫦娥四号：月球正面已经去过，为什么不试试新的挑战呢？
历史上许多伟大的创举都是在探索新领域时发生的。月球背
面还没有探测器着陆过，我想做开拓者，去那里一探究竟。

嫦娥四号前往的月球背面

嫦娥五号
2020 年 11 月 24 日发射升空
技能：月球挖土

在去月球采集月壤的过程中，你有过害怕吗？

嫦娥五号：我这么成功，你居然问我这个问题？
唉！害怕肯定有的嘛。虽然做了很多准备，但谁也不知道实际操作中
会发生什么，我害怕降落出现意外，也害怕挖土失败，还害怕回不了
地球……不过，我可以告诉你一个克服害怕的秘诀。当你害怕的时候
别慌张，向着你想去的方向，走一小步。只要坚
持迈出一小步，你就会离目标更近，离害怕更远。

嫦娥五号成功在月球
采集了 1731 克月壤。

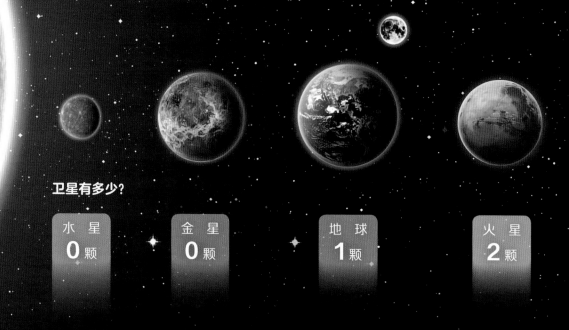

卫星有多少?

水 星	金 星	地 球	火 星
0 颗	**0** 颗	**1** 颗	**2** 颗

宇宙中的卫星

在太阳系中,像月球一样伴随在行星身边的卫星并不少见。
整个太阳系有 8 颗大行星,而它们的卫星加起来超过了 200 颗。
同月球一样,这些卫星也是人类研究、探索的对象。

> 太阳系外侧的 4 颗气态行星拥有的卫星数量都在 10 颗以上。而水星、金星、火星,这些像地球一样,离太阳相对近的岩质行星拥有的卫星就少很多,甚至没有。

每家不一样

太阳系中,除水星和金星没有卫星外,其他行星都有卫星,而且每颗行星的卫星都不大一样。木星的木卫一上活跃着数百座火山,木卫三的个头超过了水星。卫星数量最多的土星,拥有的卫星形态也最为丰富。土卫二的表面被冰层覆盖,冰层之下可能有液态海洋。土卫二的火山喷发时,大量的水汽、水冰和其他物质会从冰缝中被抛射出来,远看就像一根根喷射而出的光柱。

土星的土卫七以形状怪异而闻名,它由水冰和些许岩石组成,表面布满了大大小小的撞击坑,这使土卫七看起来就像一块飘浮在太空中的灰色海绵。

和多数近似球状的卫星不同,土卫七的形状十分不规则。

旅行者号

为了探索行星、卫星,甚至太阳系外的星际空间,1977 年,美国国家航空航天局(NASA)连续发射了旅行者 1 号和旅行者 2 号探测器。2 枚旅行者号抵达人类未至的太空空间,拍摄传回了许多珍贵的卫星照片。

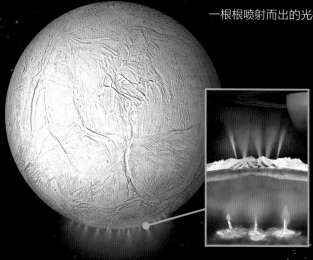

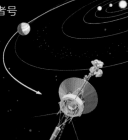

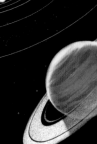

*以下卫星数据截至 2023 年底

木 星
92 颗

土 星
146 颗

天王星
27 颗

海王星
14 颗

金色唱片

旅行者 1 号和 2 号都携带了一张镀金的铜质唱片。这张唱片直径约为 30 厘米，里面有用近 60 种语言录制的问候语，还有展示太阳系及人类社会的照片、图表等。NASA 设想旅行者号探测器飞出太阳系后，若遇到外星智慧生命，可以通过这张唱片让他们了解地球和人类文明。

奇趣AI动画

走进"中百小课堂"
开启线上学习
让知识动起来！

扫一扫，获取精彩内容

给卫星取名

中国古人将地球的卫星称作月，这个名字被我们一直沿用至今。西方的天文观测者喜欢用希腊神话、罗马神话或莎士比亚话剧中的人物名字给天体命名，这些名字也会被翻译成中文使用。有时，人们还会以行星名加数字的方式，称呼行星的各颗卫星，如土卫一、土卫二。1919 年，国际天文学联合会（IAU）成立后，开始负责卫星等天体的命名工作。

最大的卫星

太阳系中，质量和体积最大的卫星当属木卫三，它的直径为 5262 千米，约是月球的 1.5 倍，体积比行星水星还大。木卫三外部包裹着一层厚厚的冰壳，科学家猜测木卫三的冰层下可能有海洋。

黄色的卫星

木卫一的大小和月球差不多，黄黄的颜色让它看起来像一张圆形鸡蛋饼。木卫一活跃的火山不断向外喷发熔岩流，使得它的表面被黄色的硫化物及白色硅酸盐覆盖，这也是它看起来呈黄白色的原因。

最像地球的卫星

土卫六的外形和地球有些相像，它也是目前太阳系中观测到的唯一一颗拥有浓厚大气层的卫星。遗憾的是，土星距离太阳非常远，它的卫星也都十分寒冷，土卫六的表面温度低至 -179℃。

名词解释

地球同步轨道：运行周期与地球自转周期（23时56分4秒）一致的人造地球卫星轨道，距离地面平均高度为35 786千米。处在该轨道上的人造卫星与地面相对静止。

公转：天文学上，一般用来形容行星、彗星等天体环绕恒星的运动。比如，地球绕太阳运行，称为公转。

环形山：圆形碗状深坑，四周边缘高起，坑底中间平地上常有小山，也有的只是凹坑。月球、火星和水星等表面都有环形山。大部分环形山由陨星撞击形成，小部分环形山可能由火山熔岩冷却收缩而成。

年：历法中计量时间的单位。公历平年为365天，闰年为366天；农历平年为354天或355天，闰年为384天或385天。

闰月：阴阳历逢闰年所加的1个月。农历，即阴阳历，规定24节气中，只含一个节气的月份为闰月，并用上月的月份名称或序数称"闰某月"。

闰年：在公历中，凡被4但不能被100整除或能被400除尽的公元年份均为闰年，如2000年、2024年；阴阳历中则将有闰月的年份视为闰年。

日冕：太阳大气的最外层，延伸到几个太阳半径甚至更远。主要由质子、高度电离的离子和自由电子组成。以往只能在日全食时观测日冕，现在可用日冕仪进行日常观测。

软着陆：通过减速，从而使航天器安全着陆、接触地球或其他星球表面的技术。航天器进入没有大气的星球，主要靠制动火箭进行减速，以及缓冲机构、缓冲垫实现软着陆。

人造地球卫星：简称"人造卫星"。用运载火箭发射，使其成为沿一定轨道环绕地球运行的航天器。分应用卫星、科学卫星和技术试验卫星三类。1970年，中国成功发射第一颗人造地球卫星——东方红1号。

视网膜：眼球壁最内的一层膜。主要由能感受光刺激的感光细胞和作为联络与传导冲动的多种神经元组成。感光细胞可感受光刺激并将其转变为神经冲动，沿视神经传入脑，构成视觉。

月：历法中计量时间的单位。不同历法中，月的时间长短不同：公历，大月31天，小月30天，2月28天（闰年29天）；农历，大月30天，小月29天，闰年加1个闰月。

硬着陆：与软着陆相反，航天器未经专门的减速装置减速，而以较大速度直接撞击星球表面的着陆方式。

宇宙射线：来自宇宙空间的，以近似光速移动的高能带电粒子和光子流。可能伤害或影响到达太空的生物，引起航天器上的组件工作不正常甚至损坏。地球上的极光现象也与之相关。

引力：宇宙中两物体或两个粒子之间由于具有质量而产生的相互作用力。地面上物体所受的重力，就是地球与物体之间的这种相互作用。地球、行星绕太阳运行，月球、人造卫星绕地球运行，也与它们之间的引力有关。

自转：天文学上指行星、卫星、星系等天体绕自身的轴心做旋转运动。

皱脊：月球早期火山岩浆冷却、收缩时形成的一种地质构造，其形似低矮、蜿蜒的山脊。

助推器：亦称"助飞器""加速器"。航天器在起飞、爬升或某一飞行阶段为核心发动机提供附加推力的动力装置。根据助推器所使用的燃料的不同，可以将助推器分为液体火箭助推器和固体火箭助推器。

张 帅

毕业于中国科学院紫金山天文台，获天体物理学博士学位。现任教于河北师范大学空间科学与天文学系，主要从事高能天体物理领域研究。长期从事科普图书的翻译和写作工作，代表作品有《地球的故事》等。

中国少儿百科知识全书

探索月球

张 帅 著

刘芳苇 徐佳慧 装帧设计

责任编辑 沈 岩 策划编辑 董文丽
责任校对 陶立新 美术编辑 陈艳萍 技术编辑 许 辉

出版发行 上海少年儿童出版社有限公司
地址 上海市闵行区号景路159弄B座5-6层 邮编 201101
印刷 深圳市星嘉艺纸艺有限公司
开本 889×1194 1/16 印张 3.75 字数 50千字
2024年3月第1版 2025年2月第2次印刷
ISBN 978-7-5589-1876-6/N·1276
定价 35.00 元

图书在版编目（CIP）数据

探索月球 / 张帅著. — 上海：少年儿童出版社，
2024.3
（中国少儿百科知识全书）
ISBN 978-7-5589-1876-6

Ⅰ.①探… Ⅱ.①张… Ⅲ.①月球—少儿读物 Ⅳ.
①P184-49

中国国家版本馆CIP数据核字（2024）第033251号